普通高等教育十二五规划教材

Visual FoxPro 数据库
程序设计实验指导

主　编　郭玉芝　刘文静

副主编　范　韬　陈晓君

电子工业出版社·

Publishing House of Electronics Industry

北京·BEIJING

图书在版编目(CIP)数据

Visual FoxPro 数据库程序设计实验指导 / 郭玉芝,刘文静主编. 一北京：电子工业出版社, 2012.1

ISBN 978-7-121-15620-5

Ⅰ. ①V… Ⅱ. ①郭… ②刘… Ⅲ. ①关系数据库系统：数据库管理系统，Visual FoxPro一程序设计一高等学校一教学参考资料 Ⅳ. ①TP311.138

中国版本图书馆 CIP 数据核字(2011)第 278286 号

策划编辑：张琳岚

责任编辑：马　杰　郝国栋

印　　刷：三河市鑫金马印装有限公司

装　　订：三河市鑫金马印装有限公司

出版发行：电子工业出版社

　　　　　北京市海淀区万寿路 173 信箱　　邮编　100036

开　　本：787×1092　1/16　　印张：13　　字数：306 千字

版　　次：2012 年 1 月第 1 版

印　　次：2016 年 1 月第 4 次印刷

定　　价：28.50 元

凡所购买电子工业出版社图书有缺损问题，请向购买书店调换。若书店售缺，请与本社发行部联系，联系及邮购电话：(010) 88254888。

质量投诉请发邮件至 zlts@phei.com.cn，盗版侵权举报请发邮件至 dbqq@phei.com.cn。

服务热线：(010) 88258888。

目　录

第1章 数据库系统基础知识

1. Visual FoxPro 6.0 的工作方式

Visual FoxPro 6.0(以下简称 Visual FoxPro)有两种工作方式:交互方式和程序运行方式。
① 交互方式分为以下两种:
❖ 可视化操作——利用菜单系统或工具栏按钮进行操作。
❖ 命令操作——在命令窗口直接输入命令进行操作。
② 程序运行方式就是运行编制的 Visual FoxPro 程序。

2. 启动与退出 Visual FoxPro

Visual FoxPro 的启动与退出和一般的 Windows 应用程序的启动与退出相同。

3. Visual FoxPro 的集成开发环境

Visual FoxPro 的集成开发环境集成了设计、编辑、编译和调试等许多不同的功能,它由菜单栏、工具栏、状态栏、工作区及命令窗口等部分组成。用户既可以在命令窗口中输入命令,也可以使用菜单和工具栏来完成所需的操作。

① 菜单系统的操作:可以使用鼠标、一般键盘键、光标移动键执行菜单命令。

② 工具栏的操作:Visual FoxPro 系统提供了不同环境下的 11 种工具栏。可以随时打开或隐藏相应的工具栏,还可以将工具栏拖放到主窗口的任意位置。

③ 命令窗口的操作:在命令窗口中直接输入 Visual FoxPro 命令后按回车键可以立即执行该命令,在主窗口的工作区中显示命令结果。命令窗口是一个可编辑的窗口,可进行插入、删除、块复制等操作,使用光标移动键或滚动条可以在整个命令窗口中上下移动插入点光标。

在命令窗口中,可以用以下几种方式编辑和重新利用已输入的命令:

❖ 在按回车键执行命令之前,按 Esc 键将删除当前输入的命令。

❖ 要重复执行某条命令,可将插入点光标移到该命令行的任意位置后按 Enter 键。

❖ 将一条长命令分为多行输入时,可在除最后一行外的前面几行的结尾处输入分号";",输入完最后一行后按 Enter 键执行该命令。

❖ 若要重复执行已输入的多条命令,可在命令窗口中选定多条命令后,单击鼠标右键,在出现的快捷菜单中执行"运行所选区域"命令。

4. 配置 Visual FoxPro 系统

配置 Visual FoxPro 系统是指系统环境的设置。系统环境由一组环境参数决定,配置工作环境就是设置这组环境参数。

安装完 Visual FoxPro 之后,所有的环境参数都被设置成系统原始的默认值,为了适合用户的需要,可以定制自己的系统环境。例如,可以设置新建文件存储的默认目录,指定如何在编辑窗口中显示源代码及日期与时间的格式等。

实验 1.1 Visual FoxPro 6.0 集成开发环境的使用

一、实验目的

① 掌握启动与退出 Visual FoxPro 6.0 的方法。

② 熟悉 Visual FoxPro 6.0 的集成开发环境,初步掌握主窗口、菜单、工具栏和命令窗口的使用方法。

二、实验内容

【例 1.1】 启动与退出 Visual FoxPro 6.0。

〖操作过程〗

① 利用"开始"菜单启动 Visual FoxPro 6.0:单击 Windows 桌面任务栏的"开始"按钮,依次执行"程序"→"Microsoft Visual FoxPro 6.0"菜单命令,即可进入 Microsoft Visual FoxPro 6.0 的主窗口。

② 利用快捷方式启动 Visual FoxPro 6.0:如果桌面上有 Visual FoxPro 6.0 快捷方式图标,直接双击即可启动程序。

③ 退出 Visual FoxPro:在 Visual FoxPro 主窗口中,执行"文件"→"退出"菜单命令,或双击窗口控制菜单图标,或单击窗口上的关闭按钮均可退出 Visual FoxPro 6.0。在退出时,系统可能会提示用户保存文件。

【例 1.2】 使用菜单系统。

〖操作过程〗

① 鼠标操作:执行"文件"→"新建"菜单命令,出现"新建"对话框,单击"取消"按钮关闭对话框。

② 键盘操作:按下 Alt + F 键展开"文件"菜单,在弹出下拉菜单后,直接按下 N 键;或不打开下拉菜单直接按 Ctrl + N 快捷键,主窗口中出现"新建"对话框,单击对话框的"取消"按钮,关闭对话框。

③ 光标操作:打开"文件"菜单后,按光标移动键将光带移到"新建"菜单项上,然后按回车键,出现"新建"对话框,单击"取消"按钮。

④ 工具栏按钮操作:单击"常用"工具栏上的"新建"按钮,出现"新建"对话框,单击"取消"按钮。本操作说明工具栏的这个按钮与上述"新建"菜单命令的功能相同。

【例1.3】显示和隐藏工具栏。

〖操作过程〗

方法1：执行"显示"→"工具栏"菜单命令，弹出"工具栏"对话框，如图1.1所示。选中或取消"表单控件"前的复选框标记，然后单击"确定"按钮，即可显示或隐藏"表单控件"工具栏。

方法2：在任何一个工具栏的空白处单击鼠标右键，打开图1.2所示的工具栏快捷菜单，单击"表单控件"，也可打开或隐藏"表单控件"工具栏。

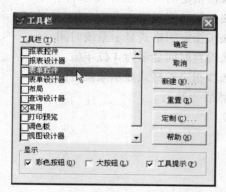

图1.1 "工具栏"对话框

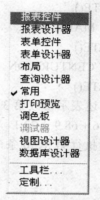

图1.2 工具栏快捷菜单

【例1.4】使用命令窗口。

〖操作过程〗

① 打开和关闭命令窗口：

❖ 单击命令窗口右上角的"关闭"按钮关闭它，然后执行"窗口"→"命令窗口"菜单命令，重新打开命令窗口。

❖ 单击"常用"工具栏上的"命令窗口"按钮 ，按钮呈按下状态则显示命令窗口，呈弹起状态则隐藏命令窗口。

② 在命令窗口中执行命令：在命令窗口中输入以下命令并按回车键执行命令。命令中"&&"之后的部分是注释，可以不输入。

```
?"山东省青岛市"          &&在主窗口中显示引号中的字符串
?1+3+5+7+9              &&计算并换行显示算术表达式的值
??25                   &&不换行显示数值25
CLEAR                  &&清除主窗口中的所有显示信息
DIR                    &&显示当前文件夹中类型为dbf的文件(表文件)目录
```

三、实验练习

1. 浏览整个 Visual FoxPro 系统菜单，了解各菜单中的菜单项，熟悉各种菜单项的操作方法。

2. 显示和隐藏"常用"工具栏，将"常用"工具栏移至窗口底部放置，再恢复到原始位置。

3. 在命令窗口进行操作。

① 在命令窗口中输入如下命令并执行，"&&"之后的内容可以不输入。

MD D:\VFP	&&在 D 盘根目录下建立 test 文件夹
SET DEFAULT TO D:\VFP	&&将 D:\VFP 设置为默认的工作文件夹
?35.6+68.9	&&显示表达式的值
?DATE()	&&按默认格式"月/日/年"显示系统时间
SET DATE TO YMD	&&设置时间显示格式为"年/月/日"
?DATE()	&&按指定的格式显示系统时间
SET MARK TO "."	&&设置时间显示格式为"年.月.日"
?DATE()	&&按指定的格式显示系统时间
SET CENTURY ON	&&设置时间显示为 4 位年值
?DATE()	&&按指定的格式显示系统时间

② 按下述表示修改第 3 条命令如下，然后再执行。

?35.6 + 68.9 - 23.1

③ 重复执行第 5、6 条命令。

实验 1.2 Visual FoxPro 6.0 系统环境的配置

一、实验目的

初步掌握配置 Visual FoxPro 6.0 系统环境的方法。

二、实验内容

【例 1.5】配置系统默认目录。

〖操作过程〗

① 设置默认目录：

默认情况下，系统将用户建立的各类文件自动保存在 c:\Program Files\Microsoft Visual Studio\vfp98 文件夹中。如果用户希望把自己创建的文件默认保存到指定的文件夹中，需要设置系统的默认目录。操作步骤如下：

❖ 使用 Windows 资源管理器建立一个工作目录，如 d:\vfp。

❖ 在主窗口执行"工具"→"选项"菜单命令，打开"选项"对话框后选择"文件位置"选项卡。

❖ 在文件类型列表框中选择"默认目录"项，然后单击"修改"按钮，或者双击"默认目录"项，系统弹出图 1.3 所示的"更改文件位置"对话框。

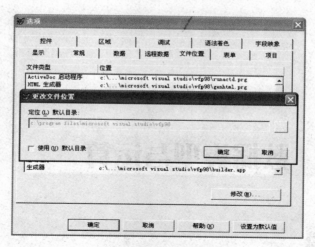

图 1.3　设置默认目录

❖　选中"使用默认目录"复选框，此时"定位(L)默认目录"文本框才可用。单击文本框右侧的"浏览"按钮，打开"浏览文件夹"对话框，选择 d:\vfp 文件夹后，单击"确定"按钮。或者在默认目录文本框中直接输入路径"d:\vfp"。

〖说明〗在命令窗口中通过 SET 命令也可以完成以上的设置。方法是：在命令窗口输入"SET DEFAULT TO d:\vfp"。

② 保存设置：

❖ 临时保存：进行各项设置后，单击"选项"对话框中的"确定"按钮，所改变的设置仅在本次系统运行期间有效。使用 SET 命令进行的设置都属于临时保存设置。

❖ 永久保存：进行各项设置后，先单击"设置为默认值"按钮，再单击"确定"按钮。

三、实验练习

1. 在 D 盘上建立名为 MYVFP 的文件夹，用"选项"对话框和 SET 命令两种方法，将该文件夹设置为默认目录。

2. 执行"工具"→"选项"菜单命令，在打开的"选项"对话框中进行下述操作。

① 在"显示"选项卡进行操作，显示状态栏、时钟。

② 在"区域"选项卡进行操作，将日期格式设置为"年月日"。

③ 在"数据"选项卡进行操作，使得文件不以独占的方式打开，并使"排序序列"为 Machine。

3. 在命令窗口中输入 QUIT 命令并执行该命令。

第 2 章　数据类型与运算

知 识 要 点

1. 常量
VFP（Visual FoxPro 的简称）中有 6 种类型的常量，分别是数值型常量、货币型常量、字符型常量、日期型常量、日期时间型常量、逻辑型常量。

2. 变量
VFP 的变量有字段变量和内存变量两类。

① 字段变量就是数据表中的字段，其值是当前打开表的当前记录的该字段的值。

② 内存变量是用来存放数据的内存区域。内存变量的数据类型有字符型 C、数值型 N、货币型 Y、逻辑型 L、日期型 D 和日期时间型 T。内存变量的数据类型由赋给它的数据值决定，是可以改变的。

③ 如果当前表中有一个与内存变量同名的字段变量，则在访问内存变量时，必须在变量名前加上前缀 M.（或 M->），否则系统优先访问同名的字段变量。

④ 变量的赋值有两种格式：

【格式 1】<内存变量名> = <表达式>

【格式 2】STORE <表达式> TO <内存变量 1[，内存变量 2，…]>

3. 有关内存变量的常用命令
（1）显示表达式的值

【格式 1】? [<表达式>]

【格式 2】?? [<表达式>]

【说明】

格式 1 在显示表达式的值前先输出一个回车换行符，所以是在下一行开始处显示，而格式 2 不输出回车换行符，直接在光标所在位置显示表达式值。若命令中省略表达式，则执行"?"表示换行，而执行"??"光标仍在同一行。

（2）显示内存变量

【格式 1】LIST MEMORY [LIKE <通配符>][TO PRINTER|TO FILE <文件名>]

【格式 2】DISPLAY MEMORY [LIKE <通配符>][TO PRINTER|TO FILE <文件名>]

【功能】显示内存变量的当前信息，包括变量名、作用域、类型和取值。

【说明】

❖ 当内存变量较多，一屏显示不完时，使用 LIST 命令自动上滚，而使用 DISPLAY 命令会分屏显示。

❖ LIKE 短语用来显示与通配符相匹配的内存变量。"*" 通配符表示任意多个字符，而 "?" 通配符表示任意一个字符。

❖ TO PRINTER 或 TO FILE <文件名>用于在显示的同时，将显示内容送往打印机或给定的文本文件中，文件的扩展名为.txt。

（3）清除内存变量

【格式 1】CLEAR　MEMORY

【格式 2】RELEASE　<内存变量名>

【格式 3】RELEASE　ALL

【格式 4】RELEASE　ALL〔LIKE　<通配符>│EXCEPT　<通配符>〕

4．函数

函数就是针对一些常见问题预先编好的一系列子程序，用函数名加一对圆括号调用，自变量放在圆括号里。按返回值的类型可以分为：数值处理函数、字符处理函数、数据类型转换函数、日期和日期时间处理函数、测试函数。

5．表达式

① 数值表达式：用算术运算符将数值型常量、变量及函数连接起来的表达式，结果仍为数值型。

② 字符表达式：用字符串运算符将字符型数据连接起来形成的表达式，结果为字符型。字符串运算符有两个（"+" 和 "-"），优先级相同。两者都是将两个字符串连接成一个新的字符串，区别是 "+" 简单连接两个字符串，而 "-" 将前面字符串的尾部空格移到合并后的新串尾部。

③ 日期时间表达式：由日期时间运算符和日期时间型或数值型的常量、变量或函数构成的表达式，结果为日期型或数值型数据。可以使用 "+" 和 "-" 两个运算符，切记两个日期型数据不能相加。

④ 关系表达式：由关系运算符将两个运算对象连接而成，结果为逻辑型数据。

⑤ 逻辑表达式：由逻辑运算符将逻辑型数据连接而成，结果为逻辑型数据。

逻辑运算符的优先级从高到低为：逻辑非（.NOT.）、逻辑与（.AND.）、逻辑或（.OR.）。

⑥ 混合表达式：不同类型的运算符出现在同一个表达式中，优先顺序从高到低为：算术运算符、字符串运算符、日期时间运算符、关系运算符、逻辑运算符。

6．数组

（1）数组的定义

VFP 中只允许使用一维数组和二维数组。数组使用前应该先创建，其命令格式为：

【格式 1】DIMENSION　<数组名 1>（<下标上限 1>[，<下标上限 2>]）[，<数组名 2>…]

【格式 2】DECLARE　<数组名 1>（<下标上限 1>[，<下标上限 2>]）[，<数组名 2>…]

（2）数组的赋值

数组创建后，系统自动给数组的每个元素赋以逻辑假值.F.。可以分别为每一个数组元素赋值，如下述命令声明包括 3 个数组元素的数组 a 并一一赋值。

```
DIMENSION a(3)
a(1) = 10
a(2) = 10
a(3) = 10
```

也可将某一个值同时赋给所有元素，如执行命令

```
DIMENSION a(3)
a=10
```

后，a(1) = 10，a(2) = 10，a(3) = 10。

在同一运行环境下，数组名不能与简单变量相同。

(3) 数组元素的访问及显示

每个数组元素可通过数组名及相应的下标来访问，如用 a(2) 可以访问前面定义的 a 数组中第 2 个元素。

可以用一维数组的形式访问二维数组，如使用 DECLARE a(2,2) 命令创建二维数组 a 后，则 a(1) 表示 a(1,1)，a(2) 表示 a(1,2)，a(3) 表示 a(2,1)，a(4) 表示 a(2,2)。

因为每一个数组元素相当于一个简单变量，所以数组元素的显示同简单变量。

实验 2.1   常量、变量及运算符的应用

一、实验目的

① 掌握各种类型常量的表示方法。
② 掌握变量的赋值及输出方法。
③ 掌握各种类型表达式的组合应用。

二、实验内容

【例 2.1】内存变量与字段变量的赋值与输出。

〖操作过程〗

① 启动 VFP 后，打开命令窗口。

② 将光标定位于命令窗口，输入下面的命令语句。每输入一行后按回车键才能执行命令，然后可以输入下一语句行。输入所有语句后的命令窗口如图 2.1 所示，命令执行的结果如图 2.2 所示。

```
a=10                               && 将整数 10 赋值给内存变量 a
?a
STORE 5 TO a1, a2, a3              && 将整数 5 赋值给内存变量 a1，a2，a3
?a1, a2, a3
name = "苏轼"                       && 将字符常量"苏轼"赋值给内存变量 name
```

```
?name
?M.name                          &&显示内存变量 name 的值（苏轼）
LIST  MEMORY  LIKE  a*           &&显示所有以字母 a 开始的变量
```

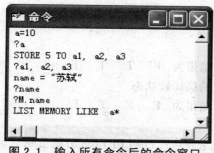

图 2.1　输入所有命令后的命令窗口

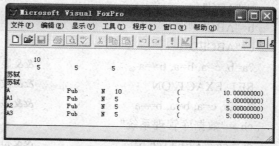

图 2.2　命令执行结果

注意观察屏幕上数值型数据和字符型数据显示的格式。用 DISPLAY MEMORY 和 LIST MEMORY 显示内存变量的内容时，从左到右各列数据分别是：变量名称、变量的作用域、变量的数据类型、变量内容。对于数值型数据还用括号中的内容说明机内表示的数据格式。

【例 2.2】 访问变量：在命令窗口中输入下面语句，观察屏幕上的输出结果。

```
a=10                          &&将整数 10 赋值给内存变量 a
b="你好"                      &&将字符常量"你好"赋值给内存变量 b
?a                            &&显示结果为：10
?b                            &&在下一行显示，结果为：你好
?a,b                          &&显示结果为：10   你好
?"a=",a                       &&显示结果为：a=10
??"b=",b                      &&在上一行的同一行显示：b=你好
DISPLAY  MEMORY  LIKE  a*     &&显示所有以字母 a 开始的变量
```

【例 2.3】 操作变量：在命令窗口中输入下面语句，观察屏幕上的输出结果。

```
a＝10             &&变量 a 的值为 10，b 和 c 还没创建，不能访问 b 和 c
b＝20             &&a 的值为 10，b 的值为 20，c 没创建，不能访问 c
c＝30             &&a 的值为 10，b 的值为 20，c 的值为 30，都能访问
a＝b              &&a 的值为 20，b 的值为 20，c 的值为 30，都能访问
a=15             &&a 的值为 15，b 的值为 20，c 的值为 30，都能访问
b=b+55           &&a 的值为 15，b 的值为 75，c 的值为 30，都能访问
a=b+c            &&a 的值为 105，b 的值为 75，c 的值为 30，都能访问
STORE  a  TO  b,c  &&a 的值为 105，b 的值为 105，c 的值为 105，都能访问
RELEASE  a       &&a 被释放，不能访问。b 的值为 105，c 的值为 105，
                 && 能访问 b 和 c
RELEASE  ALL     &&b，c 被释放，a，b，c 都不能访问
DISPLAY  MEMORY  LIKE  a*  &&显示所有以字母 a 开始的变量
```

〖说明〗可以在执行每条语句后再执行 "?a,b,c" 命令，看看变量的创建及值的变化情况。

【例2.4】 操作字符串：在命令窗口中输入下面语句，观察屏幕上的输出结果。

```
SET EXACT OFF            &&设置非精确比较状态
a="ABC"
b="ABC   "
c="ABCED"
?a=b, c=a, b=a, b==a      &&显示结果为 .F.  .T.  .T.  .F.
SET EXACT ON             &&设置精确比较状态
? a=b, c=a, b=a, b==a     &&显示结果为 .F.  .F.  .T.  .F.
ch = "数据库管理系统"
cj = ch = LEFT(ch,6)      &&将关系表达式 ch=LEFT(ch,6) 的值赋给 cj
?ch, cj                   &&显示结果为：数据库管理系统   .F.
x=50
a= x<40                   &&将关系表达式 x<40 的值赋给 a
?a                        &&显示 a 的结果，内容为.F.
```

【例2.5】 计算表达式的值：在命令窗口中输入下面语句，观察屏幕上的输出结果。

```
?14<2*10 AND ("教授"<"讲师") OR .T.<.F.
SET COLLATE TO "Machine"          &&设置对字符按机内码排序
? "x"<"xyz", "x"<"X", "x"<"y"      &&结果为.T.  .F.  .T.
SET COLLATE TO "PINYIN"           &&设置对字符按拼音排序
? "x"<"xyz", "x"<"X", "x"<"y"      &&结果为.T.  .T.  .T.
```

〖说明〗第1条命令的计算顺序如下：计算算术表达式 "2*10" 得20，计算关系表达式 "14<2*10" 得.T.；计算关系表达式("教授"<"讲师")得.F.；计算 AND 得.F.；计算 ".T.<.F." 得.F.，计算 OR，得到最后结果为.F.

三、实验练习

1. 按顺序依次执行下列操作。

① 分别将内存变量 a1，a2，b1，b2，c 赋值为"中国"，.T.，123，{^2003/03/19}，[Ok]，再将100同时赋值给变量 x，y，z。

② 显示所有的内存变量。

③ 显示所有以 a 开头的内存变量。

④ 显示所有第2个字符为 "1" 的内存变量。

⑤ 清除变量 x，y。

⑥ 清除所有以 b 开头的内存变量。

2. 先写出下列命令的执行结果，然后再上机验证。

① 姓名="张力"

? "姓名："+姓名

② x="Thank　"
　 y="you! "
　 ?x + y, x − y

③ a=10
　 b=20
　 ?a > b, 2*a <= b, a <> b/4, 3+a = b−7

④ ?{^1980/10/02} > {^2003/02/19}

⑤ ? "林" == "林", "林" == "林建国", "林" == "林　"

⑥ SET EXACT OFF
　 ? "林" = "林", "林" = "林建国", "林建国" = "林", "林" = "　林", "林　" = "林"
　 SET EXACT ON
　 ? "林" = "林", "林" = "林建国", "林建国" = "林", "林" = "林　", "林　" = "林"

⑦ ?{^2011/02/20}+15, {^2011/02/20}−15
　 ?{ ^2011/02/20 15:30}+60, {^2011/02/20 15:30}−60
　 ?{^2011/02/20} − {^2011/02/20}, {^2011/02/20 15:30} − {^2011/02/20 15:20}

⑧ STORE 2 TO a
　 ?a
　 STORE a + 2 TO a
　 ?a
　 STORE a = a+2 TO a
　 ?a
　 ?TYPE ("a")

实验 2.2　数组的应用

一、实验目的

① 掌握创建数组和给数组元素赋值的方法。
② 熟练掌握访问数组元素的方法
③ 掌握显示及清除数组的方法。

二、实验内容

【例 2.6】一维数组的创建及赋值：在命令窗口中输入下面语句，观察屏幕上的输出结果。

```
DIMENSION st (4)
st (1) = "200503099"
st (2) = "tom"
st (3) = "男"
st (4) =20
```

```
st(5) = .t.                          &&出现错误！因为 st 数组的大小为 4，st(5)是无效引用
?st(1), st(2), st(3), st(4)
DISPLAY  MEMORY  LIKE  s*
```

【例 2.7】在例 2.6 的基础上练习一维数组的使用：在命令窗口中输入下面语句，观察屏幕上的输出结果。

```
s = 5
?s                                   &&显示变量 s 的值 5
DECLARE  s(6)                        &&声明数组 s，前面定义的变量 s 已不存在
?s, s(1), s(5)                       &&显示结果为：.F.      .F.      .F.
s = 10                               &&给整个数组而非变量 s 赋值
?s, s(1), s(5)                       &&显示结果为：10      10      10
s(1) = s+20                          &&s(1)在原来的基础上加 20
s(5) = "VFP"                         &&s(5)赋值后为字符型数据"VFP"
?s(1), s(2), s(5)                    &&显示结果为：30      10      VFP
DISPLAY  MEMORY  LIKE  s*
```

〖说明〗

① 第 4 行语句实际显示的是 s(1)、s(1)和 s(5)的值，因为声明数组 s 后，第 1 行定义的变量 s 已经不存在了，后面访问的 s 其实就是 s(1)。数组声明后没有赋值前数组各元素的值为逻辑值.F.。第 5 行 s=10 相当于全部数组元素都赋值为 10。

② 最后一条语句显示所有以 s 开头的内存变量，因为没有执行释放数组 st 的命令，所以结果中包括例 2.6 中声明的数组 st。如果在本例开始加上 CLEAR MEMORY 命令，则执行结果会不一样。

【例 2.8】在命令窗口中输入下面语句，创建二维数组，给数组元素赋值。

```
CLEAR MEMORY
DIMENSION  a(2,3)
STORE 'xyz' TO a(1,1), b1
a(3) = {^2010-10-25}
b2 = $34.5
a(5) = 30
a(2,3) = a(5)*3
LIST  MEMORY  LIKE  a*
RELEASE  ALL  LIKE  a*
b3 = {^2009-3-15,10:20 P}
LIST  MEMORY  LIKE  b*
```

所有命令正确执行后结果如图 2.3 所示。

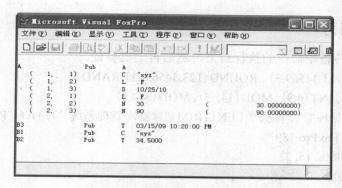

图 2.3 例 2.8 的执行结果

三、实验练习

1. 定义包含 5 个元素的一维数组 a，然后用自己的学号、姓名、年龄依次给前 3 个元素赋值，最后将数组的所有元素显示出来。

2. 定义一个二维数组 b(2,3)，将上题数组 a 中的数据赋值给 b 的前 5 个元素。剩下的元素赋值"Hello"。分别以一维数组和二维数组的形式显示数组 b 的全部数组元素。

3. 清除第 1 题中定义的数组 a 的内容。显示所有内存变量的值。

实验 2.3 函数的应用

一、实验目的

掌握常用函数的功能、格式和使用方法。

二、实验内容

【例 2.9】函数练习：在命令窗口中输入下面语句，观察屏幕上的输出结果。

```
?INT(-3.01), INT(6.95)                    &&结果为 -3        6
?ROUND(123.5839,3), ROUND(123.36,-2)       &&结果为 123.584    100
x = STR(12.3, 4, 1)                        &&将 12.3 转换为宽度是 4 的字符赋给变量 x
y = RIGHT(x,3)                             &&取变量 x 右侧 3 个字符赋给变量 y
z = "&x+&y"                                &&利用&替换出 x 和 y 的值，构成字符串赋给 z
?&z, z                                     &&显示结果分别为：14.60       12.3+2.3
?AT("Fox","FoxPro")                        &&结果为 1，表示"Fox"在"FoxPro"中的开始位置
?VAL(SUBSTR([123456],5,2))+1               && SUBSTR([123456],5,2) 的结果为"56"，利用
                                           && VAL 将字符型的"56"转换为数值型数据 56，
                                           && 加 1 后结果为 57
?SUBSTR("123456",2) -"1"                   && SUBSTR("123456",2) 的结果为字符"23456"，
                                           &&后利用字符运算符"-"连接"1"得到"234561"
```

三、实验练习

先写出下列各题中命令的执行结果，然后再上机验证。

1. ?ROUND(123.34569,3)，ROUND(123.34569,-1),RAND()
   ?INT(-4.8)，INT(6.9)，MOD(14,-5)，MOD(-14,5)
   ?MAX("数据库","计算机"),LEN(TRIM("数据库管理系统 "))+AT("Pro","Visual FoxPro")

2. a = "Visual FoxPro 789 "
   e = SUBSTR(a, 15, 3)
   ee = VAL(e)
   ?e,ee
   ?STR(ee,2)，STR(ee,4)，STR(ee,6)，STR(ee,6,3)
   b =VAL("1234FOX.5678")
   k =STR(b)
   ?b, k, VARTYPE(b)，VARTYPE("b")，TYPE(k)，TYPE("k")

第 *3* 章 数据库、表的基本操作

1. 创建、打开、关闭数据库

① 创建数据库：

❖ 执行"文件"→"新建"菜单命令。

❖ 使用命令：

【格式】CREATE DATABASE ［<文件名>|？］

② 打开数据库：

❖ 执行"文件"→"打开"菜单命令。

❖ 使用命令：

【格式】OPEN DATABASE ［<文件名>|？］［EXCLUSIVE ｜ SHARED］［NOUPDATE］
［VALIDATE］

③ 使用命令关闭数据库：

【格式1】CLOSE DATABASE

【功能】关闭当前的数据库文件及其包含的表文件，若没有打开的数据库，则关闭所有的自由表(不属于任何数据库的表)。

【格式2】CLOSE ALL

【功能】关闭所有打开的数据库文件及其包含的表和自由表以及各种类型的文件。

2. 修改数据库

在 VFP 中通过数据库设计器修改数据库。

① 使用"打开"对话框打开相应的数据库。

② 使用命令：

【格式】MODIFY DATABASE ［<文件名>|？］［NOWAIT］［NOEDIT］

3. 删除数据库

使用命令：

【格式】DELETE DATABASE <文件名>|？ ［DELETETABLES］［RECYCLE］

4. 建立数据库表

在打开了数据库的情况下，可以用以下 5 种方法之一建立新的数据库表。

① 执行主窗口的"数据库"→"新建表"菜单命令。

② 执行主窗口的"文件"→"新建"菜单命令。

③ 单击"数据库设计器"工具栏中"新建表"按钮。

④ 用鼠标右键单击数据库设计器空白处，在弹出的快捷菜单中执行"新建表"菜单命令。

⑤ 使用命令：

【格式】CREATE［文件名|?］

5. 建立与修改数据库表结构

① 建立表结构：在表设计器中定义表中包含的字段名、类型、宽度、小数位数、索引、NULL 等。

② 修改数据库表结构：打开表设计器后可以修改表结构，可以增加、删除字段，可以修改字段名、字段类型、宽度，可以建立、修改、删除索引，可以建立、修改、删除有效性规则等。打开表设计器的方法有以下三种：

❖ 在数据库设计器中用鼠标右键单击要修改的表，在弹出的快捷菜单中执行"修改"命令。

❖ 在数据库设计器中单击要修改的表，然后单击数据库设计器工具栏中的"修改表"按钮。

❖ 使用命令：

【格式】MODIFY STRUCTURE

③ 各种附加属性：

❖ 格式——用于确定当前字段在浏览窗口、表单或报表中显示时采用的大小写、字体和样式。

❖ 输入掩码——用于确定字段中字符的输入格式，防止输入非法数据。

❖ 标题——浏览窗口中的列标题或表单控件的标题，一般是对字段含义的直观描述或具体解释，设置标题后并不改变表结构中的字段名。

❖ 规则——用来实现域完整性的检验，是一个与字段有关的表达式。

❖ 默认值——一般设置为字段最可能取的值。

❖ 信息——输入的值违反了有效性规则时的提示信息，为一个字符串。

6. 表的基本操作

① 打开数据表：

❖ 执行"文件"→"打开"菜单命令。

❖ 使用命令：

【格式】USE <表名> ALIAS <别名>

② 使用命令关闭数据表：

【格式】USE

③ 使用命令显示表结构：

【格式】LIST|DISPLAY STRUCTURE [TO PRINTER [PROMPT]|TO FILE <文件名>]

④ 使用命令显示表记录：

【格式】LIST|DISPLAY [[FIELDS] <字段名表>][<范围>][FOR <条件表达式>][OFF][TO PRINTER]

【说明】LIST 和 DISPLAY 的区别有两点：①当"范围"和"FOR <条件表达式>"均缺省时，LIST 显示所有记录，DISPLAY 仅显示当前记录；②若记录很多，一屏显示不下时，LIST 连续显示，DISPLAY 分屏显示。

⑤　表的复制：

❖　使用命令复制表的结构：

【格式】COPY　STRUCTURE　TO ＜表文件名＞［FIELDS ＜字段名表＞］

❖　使用命令复制表：

【格式】COPY　TO ＜表文件名＞［＜范围＞］［FOR ＜条件表达式＞］［FIELDS ＜字段名表＞］

❖　使用命令从其他文件中追加记录：

【格式】APPEND　FROM ＜文件名＞［FIELDS ＜字段名表＞］［FOR ＜条件＞］

7.　表记录的基本操作

①　使用 BROWSE 命令打开"浏览"窗口修改表的记录：

【格式】BROWSE［FIELDS ＜字段名表＞］［FOR ＜条件＞］［FREEZE ＜字段名＞］［LOCK ＜字段序号＞］

【功能】打开表的"浏览"窗口，显示或修改数据记录。

②　使用命令成批替换记录：

【格式】REPLACE［＜范围＞］＜字段 1＞ WITH ＜表达式 1＞［ADDTITIVE］［,＜字段 2＞ WITH ＜表达式 2＞［ADDTITIVE］…］［FOR ＜逻辑表达式＞］［WHILE ＜逻辑表达式＞］

【说明】如果省略范围或条件子句，只处理当前记录。ADDTITIVE 只适用于处理备注型字段，选用后只在原备注信息的后面追加信息。

③　使用命令定位记录：

❖　直接定位：

【格式 1】GO│GOTO TOP│BOTTOM

【格式 2】［GO│GOTO］＜数值表达式＞

❖　相对定位——SKIP［［+│-］＜数值表达式＞］

❖　条件定位—— LOCATE FOR ＜条件表达式＞

④　增加记录：

❖　执行"显示"→"追加方式"菜单命令，可在浏览和编辑方式下在表的尾部添加多条新记录。

❖　执行"表"→"追加新记录"菜单命令，在浏览和编辑方式下，只能添加一条新记录。

❖　执行"表"→"追加记录"菜单命令，可将另一个表中的记录添加到当前表中。

❖　使用命令：

【格式 1】APPEND 或 APPEND　BLANK

【格式 2】INSERT［BEFORE］［BLANK］

⑤　使用命令删除数据：

❖　逻辑删除记录—— DELETE［FOR 条件表达式］。

❖　恢复被逻辑删除的记录—— RECALL［FOR 条件表达式］。

【说明】如果省略 FOR 短语，上述两条命令都只对当前记录进行操作。

❖　物理删除有删除标记的记录—— PACK。

❖　物理删除表中全部记录—— ZAP。

实验 3.1　数据库、表的创建与简单设置

一、实验目的

① 掌握创建数据库及对数据库进行基本操作的方法。
② 掌握创建数据库表及对数据库表设置有效性规则的方法。

二、实验内容

【例 3.1】创建"学生信息管理.dbc"数据库。

〖操作过程〗

① 执行"文件"→"新建"菜单命令，在弹出的"新建"对话框中选择"数据库"选项，如图 3.1 所示。

② 单击"新建文件"按钮，弹出图 3.2 所示的"创建"对话框。使用"保存在"下拉列表框确定当前位置为 d:\vfp 文件夹，在"数据库名"框中输入文件名称"学生信息管理.dbc"，单击"保存"按钮，系统将打开如图 3.3 所示的数据库设计器，"学生信息管理"数据库就创建好了。

图 3.1　"新建"对话框

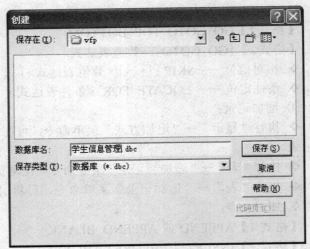

图 3.2　"创建"对话框

〖说明〗创建数据库的方法有多种，例 3.1 仅仅介绍了使用菜单方式创建数据库的操作步骤。

【例 3.2】在"学生信息管理"数据库中创建一个 student 新表。

〖操作过程〗

① 执行"文件"→"打开"命令，在图 3.4 所示的"打开"对话框内选中 d:\vfp 文件夹中的"学生信息管理"数据库，单击"确定"按钮，打开图 3.3 所示的数据库设计器。

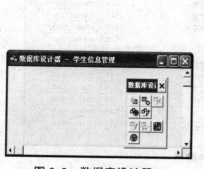
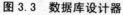

图 3.3 数据库设计器

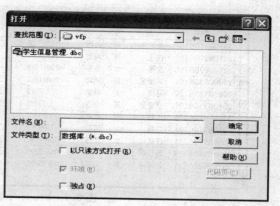

图 3.4 "打开"对话框

② 执行"数据库"→"新建表"菜单命令，或用鼠标右键单击数据库设计器的空白处，执行快捷菜单中的"新建表"命令，都可以打开"新建表"对话框。单击对话框中的"新建表"按钮，打开"创建"对话框，如图 3.5 所示。

③ 在"创建"对话框中输入要新建的表的名称 student.dbf，单击"保存"按钮，即可进入新表的"表设计器"对话框，如图 3.6 所示。

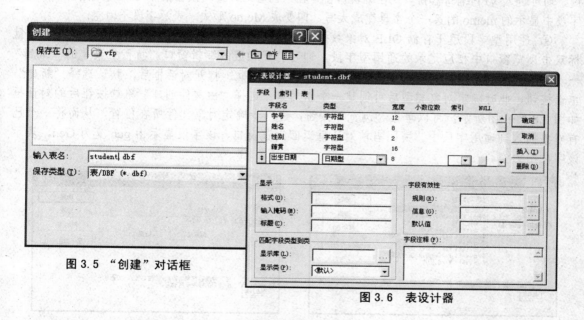

图 3.5 "创建"对话框

图 3.6 表设计器

④ 在"表设计器"对话框中选择"字段"选项卡，逐行定义各个字段的相关参数。输入完毕，单击"确定"按钮，关闭表设计器，可以看到数据库设计器中多了一个 student 表。

⑤ 输入数据：按第④步建立表结构后，就可以输入具体数据。执行"显示"→"浏览"菜单命令，打开浏览窗口；再执行"显示"→"追加方式"菜单命令，进入编辑窗口，按图 3.7 所示输入全部数据。

学号	姓名	性别	籍贯	出生日期	专业	党员否	入学成绩	简历	照片
201003105102	岳思雨	男	山西	07/05/88	工商管理	T	498.0	memo	gen
201003105103	汪飞	男	河南	04/06/88	工商管理	T	543.0	memo	gen
201006205103	文馨	女	山东	09/07/89	计算机应用	T	568.0	memo	gen
200801405101	许国莹	男	湖南	10/04/88	日语	F	531.0	memo	gen
200801405102	马爽	女	湖南	07/07/89	日语	F	524.0	memo	gen
201003105101	罗亚男	男	山西	03/03/88	工商管理	F	498.0	memo	gen
200905105202	王鹏	男	黑龙江	05/09/88	应用物理	T	510.0	memo	gen
201003105104	白慧	女	云南	07/09/89	工商管理	F	526.0	memo	gen
200905105203	汪笑笑	女	江苏	08/07/90	应用物理	F	538.0	memo	gen
200801405103	李利明	男	湖北	05/20/90	日语	F	546.0	memo	gen
201006205101	赵海洋	男	山东	08/25/90	计算机应用	F	511.0	memo	gen

图 3.7　student 表的数据

〖注意〗

① 逻辑型数据不区分大小写，不需要输入逻辑数据的点定界符。

② 备注型和通用型字段的实际内容保存在扩展名为.fpt 的文件中，要确保.dbf 和.fpt 文件永远在一个文件夹中。

③ 只能在相应的编辑器窗口中输入和编辑备注型字段的内容，用鼠标双击浏览窗口某记录的备注字段，或将光标定位在备注字段上，然后按 Ctrl + Page Up 键、Ctrl + Page Down 键或 Ctrl + Home 键，均可进入 VFP 编辑器窗口。在编辑器窗口输入内容后，关闭该窗口即可回到浏览窗口，这时字段中显示的 memo 的第一个字母变成大写，即变成 Memo 形式，表示字段不为空。

④ 通用型字段用于存储 OLE 对象数据，包括电子表格、图像或其他多媒体对象等。用鼠标双击浏览窗口中相应记录的通用型字段，即可打开相应的编辑窗口。执行主菜单的"编辑"→"插入对象"命令，弹出如图 3.8 的左图所示的对话框。打开对话框后，默认选择"新建"单选按钮，此时确定对象类型后可创建一个新对象。选择"由文件创建"单选按钮后的对话框如图 3.8 的右图所示，可以单击"浏览"按钮，进一步确定对象文件所在位置，从而将一个已有对象插入到通用字段中。关闭当前对话框返回浏览窗口，该字段显示由 gen 变为 Gen，表示该字段不为空。

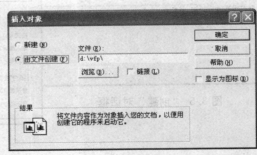

图 3.8　"插入对象"对话框

⑤ 只有当某字段允许输入 NULL 值，才能通过 Ctrl + O 输入。

【例 3.3】设置 student 表中有关字段的"显示"和"字段有效性"等属性。

〖操作过程〗

① 选中 student 表，执行"数据库"→"修改"菜单命令，或在 student 表上单击鼠标右

键，执行快捷菜单中的"修改"命令，打开表设计器。

② 为 student 表中的"学号"字段设置字段格式控制符、输入掩码控制符和字段标题。

❖ 在"表设计器"对话框中，选定"学号"字段。在"格式"文本框中输入 T，表示在该字段中显示的数据将删除前导空格和尾部空格。

❖ 由于"学号"字段宽度为 12，所以在"输入掩码"文本框中输入"999999999999"。

❖ 在"标题"文本框中输入"学生证编号"，最后结果如图 3.9 所示。

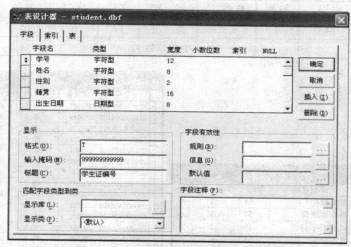

图 3.9 设置"学号"字段的显示规则

③ 为 student 表中的"性别"字段设置默认值和有效性规则。

在表设计器中选定"性别"字段，在"字段有效性"栏的"默认值"文本框中输入""男""，在"规则"文本框中输入表达式："性别$("男女")"或"性别="男".OR. 性别="女""，在"信息"文本框中输入"性别只能输入<男>或<女>""，如图 3.10 所示。

〖注意〗"信息"文本框中输入的是一个字符串，两侧的定界符不能省略。

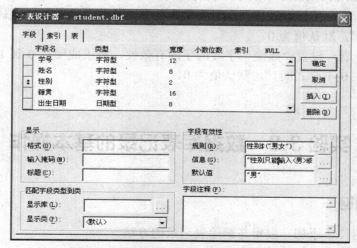

图 3.10 设置"性别"字段的字段有效性

三、实验练习

1. 创建 course（课程）表、score（学生成绩）表，并添加到学生信息管理数据库中。表结构见表 3.1 和表 3.2，表中数据见图 3.11 和图 3.12。

表 3.1　course 数据表的结构

字段名	课程号	课程名称	学时	学分
类　　型	字符	字符	整型	整型
宽　　度	8	14	4	4
小数位数				

表 3.2　score 数据表的结构

字段名	学号	课程号	平时成绩	期末成绩	总成绩
类　　型	字符	字符	数值	数值	数值
宽　　度	12	6	5	5	5
小数位数			1	1	1

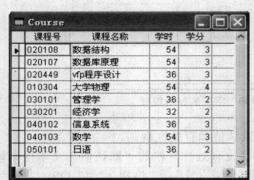

图 3.11　Course 表的内容　　　　图 3.12　Score 表的内容

2. 复制 student 表为 ss 表，修改 ss 表的结构。增加"年龄（N, 3）"字段，计算其数值，然后删除"出生日期"字段。设置"年龄"字段的显示格式为 L，输入掩码为 999，有效性规则为"年龄>=0"，默认值为 0。

3. 打开 score 表，设置"成绩"字段的字段有效性，要求成绩在 0 到 100 之间，提示信息为"成绩必须在 0~100 之间！"，默认值为 0。

实验 3.2　数据库表记录的基本操作

一、实验目的

掌握浏览、定位、添加、编辑与删除表记录的方法。

二、实验内容

【例 3.4】将 student 表中所有不是党员的男同学记录复制到一个新的 student1 表中，新表只包含"学号"、"姓名"、"党员否"字段，将 student1 表保存在 d:\vfp 文件夹下。

〖操作命令〗

USE d:\vfp\student
COPY TO d:\vfp\student1.dbf FOR 性别='男' and not 党员否 FIELDS 学号, 姓名, 党员否
USE d:\vfp\student1
LIST
USE

【例 3.5】复制 student.dbf 表得到 student2.dbf 表，打开 student2.dbf 表，物理删除所有 1987 年以前出生的非党员记录。

〖操作过程〗

① 按例 3.4 的方法复制得到 student2.dbf 表并打开该表。

② 执行"表"→"删除记录"菜单命令，打开图 3.13 所示的对话框。将"作用范围"设置为 ALL，在"For"文本框中输入条件"year(出生日期)<1989 and not 党员否"，单击"删除"按钮，则表中符合条件的记录都被加上删除标记。

③ 继续执行"表"→"彻底删除"菜单命令。

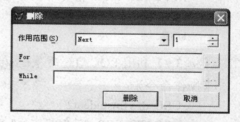

图 3.13　"删除"对话框

〖说明〗在命令窗口执行下述命令，也可以完成本例题的要求。

USE d:\vfp\student
COPY TO d:\vfp\student2
USE d:\vfp\student2
DELETE FOR year(出生日期)<1989 and not 党员否
PACK
USE

【例 3.6】在 student2.dbf 表中追加 2 条新记录，数据自拟。

〖操作命令〗

USE d:\vfp\student2
APPEND
……　　　　　　　　　　　　　　&&输入具体数据，关闭浏览窗口
LIST
USE

〖说明〗也可以用菜单操作方式打开数据表，进入浏览窗口。然后执行"表"→"追加新记录"菜单命令，输入数据。

【例 3.7】在 student2.dbf 表第 9 条记录后插入一条新记录，数据自拟。

〖操作命令〗

```
USE  d:\vfp\student2
GO  10
INSERT  BEFORE BLANK
……                        &&输入具体数据，关闭浏览窗口
LIST
USE
```

〖说明〗也可以将第 2 条和第 3 条命令改为：GO 9 和 INSERT。

【例 3.8】打开 student2.dbf 表，将"籍贯"字段内容的最后加上汉字"省"，比如将"山东"改为"山东省"。

〖操作命令〗

```
USE  d:\vfp\student2
REPLACE  ALL  籍贯  WITH  籍贯+"省"
LIST
USE
```

【例 3.9】利用 LOCATE 命令在 student2 表中查找专业为"计算机应用"的记录。

〖操作命令〗

```
USE  d:\vfp\student2
LOCATE  FOR  "计算机应用" $ 专业
DISPLAY
CONTINUE
DISPLAY
USE
```

三、实验练习

1. 显示 student 表中所有籍贯为"山东"、"学号"字段中第 7 位为 2 的记录。

2. 显示 student 表中第 4 条到第 10 条记录中所有男生的记录。

3. 显示 score 表中选修了 020449 号课程并且总成绩大于等于 80 分的记录。

4. 在 score 表的第 3 条和第 5 条记录之后插入两条记录，数据自拟。用 APPEND 命令追加一条空白记录，用 EDIT 命令输入数据。

5. 复制 student 表为 student3 表，逻辑删除 student3 表中的男同学记录，浏览所有记录。物理删除其中非党员记录，恢复其他被逻辑删除的记录。

6. 将 score 表中所有选修了 030101 号课程且总成绩在 80 分以下的记录平时成绩加 10 分。

【提示】使用 Replace 命令。

7. 用 LOCATE 命令在 student 数据表中查找学号为 200801405102 的记录，并将其显示出来。

第4章 数据库、表的进一步操作

知识要点

1. 使用命令对记录排序

【格式】SORT ON <字段名1> [/A][/D][/C][,<字段名2> [/A]
[/D][/C]···] TO <新表名> [<范围>] [FOR <条件>]
[WHILE <条件>][FIELDS <字段名表>]

【功能】按指定的字段对当前打开的表记录排序，生成新的表文件。新表文件中含有FIELDS 指定的字段。

2. 索引文件

索引文件根据所含索引标识的多少分为两类：独立索引文件(或单项索引文件)和复合索引文件。

① 独立索引文件：每个独立索引文件只包含一个索引项，文件扩展名为.idx。通常独立索引文件的文件名与相应的表文件名没有任何关系，即使与表文件名相同，也不会随表文件的打开而自动打开。一个表可定义多个独立的索引文件。

② 复合索引文件：一个复合索引文件可以包含多个索引项，用不同的索引标识识别，文件扩展名为.cdx。复合索引文件又分为非结构复合索引文件及结构复合索引文件。

❖ 非结构复合索引文件的文件名与表名不同，由用户指定，不随表的打开而自动打开。

❖ 结构复合索引文件的文件名与表名相同。结构复合索引文件随着表而打开，表中数据发生变化时，自动更新相应的索引文件中的所有记录的索引顺序，实现索引文件与表文件的同步更新。

3. 索引的种类

① 主索引：对不同记录索引字段或索引表达式不允许出现重复值的索引。主要用于主表或"被引用"表，用来在一个永久关系中建立参照完整性。只有数据库表可以创建主索引。一个表只能创建一个主索引，通常用表的主关键字作为主索引关键字。

② 候选索引：同主索引一样，要求对不同记录的索引字段或索引表达式不能有重复值。数据库表和自由表都可以建立候选索引，并且可以建立多个。

③ 普通索引：用来对记录排序和搜索记录，对不同记录，索引字段或索引表达式的值可以重复。可作为一对多关系中的"多方"。数据库表和自由表都可以建立普通索引。

4．建立索引
① 在表设计器的"索引"选项卡中建立索引。
② 命令方式：
【格式】INDEX ON <索引表达式> TO <独立索引文件名>|TAG <索引标志名>
　　　　[OF <复合索引文件名>][FOR <条件>][COMPACT]
　　　　[ASCENDING|DESCENDING][UNIQUE|CANDIDATE]
　　　　[ADDITIVE]

5．使用索引
结构复合索引文件随表自动打开，其他索引文件必须用显式操作或命令才能打开。
① 使用菜单方式打开索引。
执行"文件"→"打开"菜单命令，弹出"打开"对话框，在"文件类型"列表框中选择"索引（*.IDX;*.CDX）"项，在"文件名"文本框中输入索引文件名，最后单击"打开"按钮。
② 使用命令方式打开索引。
❖ 打开表的同时打开索引文件：
【格式】USE <表文件名> INDEX <索引文件名列表>
❖ 打开表后再打开索引文件：
【格式】SET INDEX TO <索引文件名列表>
③ 设置当前有效索引：
【格式1】SET ORDER TO 索引号|[TAG] 标识名
　　　　　[ASCEDNING|DESCENDING]
【格式2】USE <表名> ORDER [TAG]<索引标识名>
④ 删除索引：
【格式1】DELETE FILE <索引文件名>
【功能】删除一个单项索引文件。
【格式2】DELETE TAG ALL|<索引标志名表>
【功能】删除打开的复合索引文件的所有索引标志或指定的索引标志。
⑤ 使用索引定位记录：
【格式】SEEK <表达式>

6．表的统计
① 累加求和：
【格式】SUM [<表达式表>][<范围>][FOR <条件表达式>]
　　　　[TO <内存变量名表>]|[TO <数组变量名>]
② 求平均值：
【格式】AVERAGE [<表达式表>][<范围>][FOR <条件表达式>]
　　　　[TO <内存变量名表>]|[TO <数组变量名>]
③ 统计记录个数：
【格式】COUNT [<范围>][FOR <条件表达式>]
　　　　[TO <内存变量名>]|[TO <数组变量名>]

④ 分类汇总：

【格式】TOTAL ON <关键字> TO <新表名> [FIELDS <字段名表>]
[<范围>] [FOR <条件表达式>]

【功能】在当前表中，对<关键字>值相同且相邻记录的数值型(或货币型)字段分别纵向求和，并将结果存储到一个新表中。

7. 多工作区操作

① 工作区的区号与别名：1～10 号工作区的别名分别为字母 A～J。在打开表时可指定工作区的别名，否则表名即为别名。

【格式】USE <表文件名> [ALIAS <别名> [IN <工作区号>]]

② 当前工作区是当前正在操作的工作区，任何一个时刻用户都只能选择某一个工作区作为当前工作区。可以使用命令指定当前工作区。

【格式】SELECT <工作区号> | <别名> | 0

"SELECT 0"用来将当前没被使用的最小工作区号所对应的工作区设置为当前工作区。

③ 可以使用"别名.字段名"或"别名->字段名"访问其他工作区中表的指定字段的数据.

8. 建立表之间的临时关联的方法

【格式】SET RELATION TO

[<关键字表达式1>|<数值表达式1> INTO <工作区号1>|<表别名1>

[,<关键字表达式2>|<数值表达式2> INTO <工作区号2>|<表别名2>…] [ADDITIVE]]

9. 数据库表间的永久性关系

① 一对一关系。

② 一对多关系。

③ 多对多关系。

建立永久关系的两个表必须在同一个数据库中，其中一个表是主表或父表，另一个表是子表。两个表至少包含一个内容及类型一致的字段作为建立关系的纽带，并分别在两个表中按此字段建立索引。主表中的索引必须是主索引或候选索引，子表的索引可以是任意的类型。

10. 设置参照完整性规则

参照完整性主要是指不允许在相关数据表中引用不存在的记录。通过设置永久性关系的参照完整性，可以使主表和子表满足如下规则：

① 子表中的每一个记录在对应的父表中都必须有一个相对应的父记录。

② 对子表进行插入记录操作时，必须确保父表中存在一个相对应的父记录。

③ 对父表作删除记录操作时，其对应的子表中必须没有相应的子记录存在。

编辑关系的参照完整性时，首先在数据库设计器中选择某个永久性关系，然后执行"数据库"→"编辑参照完整性"菜单命令，或用鼠标右键单击关系连线，在弹出的快捷菜单中执行"编辑参照完整性"命令，打开"参照完整性生成器"对话框，在对话框中可对更新规则、删除规则及插入规则进行设置。

① 更新规则：按照子表中相应关键字段的值对修改主表中关键字段值的操作进行设置。包括级联、限制、忽略三个可选项。

② 删除规则：按照子表中相应关键字段的值对删除主表记录的操作进行设置。包括级联、限制、忽略三个可选项。

③ 插入规则：根据两表之间的制约关系对向子表插入新记录时进行设置。包括限制、忽略两个可选项。

11. 创建自由表

自由表是不属于任何数据库的表，在此类表中不能设置数据完整性，不支持主索引，不能建立字段有效性规则，也不支持在表之间建立永久性联系。

创建自由表的方法与创建数据库表类似，有以下几种：

① 在"项目管理器"窗口中，选择"数据"→"自由表"项后单击"新建"命令按钮，打开表设计器建立自由表。

② 确认当前没有打开的数据库，使用 CREATE 命令打开表设计器，建立自由表。

③ 确认当前没有打开的数据库，执行"文件"→"新建"菜单命令，打开"新建"对话框，在"文件类型"列表中选择"表"选项，单击"新建文件"按钮打开表设计器，建立自由表；也可以单击"向导"按钮，使用表向导建立自由表。

12. 向数据库添加表和从数据库中移去表

① 添加表：在数据库设计器上单击右键，在弹出的快捷菜单中执行"添加表"命令。

② 移去表：在需要移去的表上单击鼠标右键，执行快捷菜单中的"删除"命令。

实验 4.1 对数据表排序及创建索引

一、实验目的

① 掌握对数据表记录排序的方法。
② 掌握创建数据表索引的方法。
③ 掌握使用索引的方法。
④ 掌握查询数据表记录的方法。

二、实验内容

【例 4.1】对 student 表中所有党员记录排序并生成新表 student3，要求女生在前，男生在后，同性别的按出生日期从小到大排列，生成的新表中只包含"学号"、"姓名"、"性别"、"出生日期"字段。

在命令窗口输入并执行下述命令：

```
USE d:\vfp\student
SORT ON 性别/D, 出生日期/A FOR 党员否 FIELDS 学号, 姓名, 性别, 出生日期;
        TO student3
USE d:\vfp\student3
LIST
USE
```

【例 4.2】在 student 表中以"学号"为关键字段设置候选索引，索引名为"xh"；以"出生日期"字段建立普通索引，索引名为"出生日期"，按降序排列。

〖操作过程〗

① 打开 student 表，执行"显示"→"表设计器"菜单命令，打开表设计器。

② 在"字段"选项卡中选择需要建立索引的"学号"字段，单击"索引"列表框，选定升序，即可建立以字段名为索引名的普通索引（包含在名称为 student 的结构复合索引文件中），索引表达式就是该字段名。

③ 选择"索引"选项卡，在"索引名"列下方的文本框中输入索引名"xh"，将类型设置为候选索引，表达式设置为"学号"，按升序进行排序，再设置"出生日期"索引，如图 4.1 所示。可以通过单击"排序"列的上下箭头设置升序还是降序，拖动最左侧的按钮改变索引顺序。

〖说明〗也可以使用命令完成上述操作，具体命令如下：

```
USE  d:\vfp\student
INDEX ON 学号 TAG xh CANDIDATE ASCENDING
LIST
INDEX ON 出生日期 TAG 出生日期 DESCENDING
LIST
CLOSE ALL
```

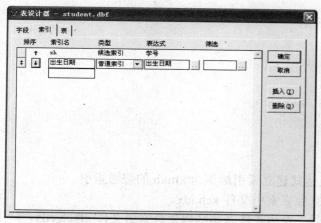

图 4.1　为 student 表建立索引

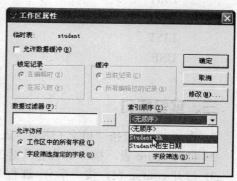

图 4.2　"工作区属性"对话框

【例 4.3】打开 student 表及索引，按出生日期的降序浏览表中记录。

〖操作过程〗

① 打开 student 表。

② 打开表的浏览或编辑窗口，执行"表"→"属性"菜单命令，打开"工作区属性"对话框，在"索引顺序"下拉列表框中选择"student.出生日期"索引名，如图 4.2 所示，然后单击"确定"按钮。

〖说明〗也可以使用命令完成上述操作，具体命令如下：

```
USE d:\vfp\student
SET ORDER TO TAG 出生日期
```

```
LIST
CLOSE ALL
```

【例 4.4】打开 course 表，按"课程名称"字段建立独立索引文件 kcm.idx。

在命令窗口输入并执行下述命令：

```
USE  d:\vfp\course
INDEX ON 课程名称 TO kcm
CLOSE  ALL
```

【例 4.5】查找 student 表中学号为 201003105103 的记录。

在命令窗口输入并执行下述命令：

```
USE  d:\vfp\student
SET  ORDER  TO  TAG  xh
SEEK  ' 201003105103'
DISPLAY
CLOSE  ALL
```

【例 4.6】删除 student 表中按"出生日期"字段建立的'出生日期'索引标识。

在命令窗口输入并执行下述命令：

```
USE  d:\vfp\student
SET  ORDER  TO  TAG  出生日期
LIST
DELETE  TAG  出生日期
LIST
USE
```

三、实验练习

1. 为 student 表按"姓名+性别"表达式建立索引标识为 xmxb 的普通索引。

2. 打开 score 表，按"课程号"建立独立索引文件 kch.idx。

3. 打开 course 表，按"学分+课程号"表达式建立非结构复合索引文件 xfkch.cdx，降序排列记录。

4. 在 student 表中查找姓名为马爽的记录，在 course 表中查找课程号为 020107 的记录。

5. (等级考试题)① 在考生文件夹下建立 cust_m 数据库。

② 把考生文件夹下的 cust 和 order1 自由表加入到刚建立的数据库中。

③ 为 cust 表建立主索引，索引名为 primarykey，索引表达式为"客户编号"。

④ 为 order1 表建立候选索引，索引名为 candi_key，索引表达式为"订单编号"。为 order1 表建立普通索引，索引名为 regularkey，索引表达式为"客户编号"。

实验 4.2 数据表的统计

一、实验目的

掌握统计和汇总数据的方法。

二、实验内容

【例 4.7】统计 student 表中男生和女生的人数，并分别保存到变量 boy 和 girl 中。

在命令窗口输入并执行下述命令：

```
USE d:\vfp\student
COUNT FOR 性别='男' TO boy
COUNT FOR 性别='女' TO girl
?boy, girl
USE
```

【例 4.8】求出 student 表中男生和女生的平均年龄，并分别保存到变量 boyavg 和 girlavg 中。

在命令窗口输入并执行下述命令：

```
USE d:\vfp\student
AVERAGE YEAR(DATE())-YEAR(出生日期) FOR 性别='男' TO boyavg
AVERAGE YEAR(DATE())-YEAR(出生日期) FOR 性别='女' TO girlavg
? boyavg, girlavg
USE
```

【例 4.9】在 score 表中进行以下操作：求出选修了 050101 号课程记录的"总成绩"字段值的总和，结果放入变量 s 中；求出学号为 201003105102 的学生选修的所有课程总成绩的总和，结果放入变量 t 中。

在命令窗口输入并执行下述命令：

```
USE d:\vfp\score
SUM 总成绩 FOR 课程号='050101' TO s
SUM 总成绩 FOR 学号='201003105102' TO t
?s, t
USE
```

【例 4.10】求 score 表中每个学生选修的所有课程的总成绩总和送入新表 score2。

在命令窗口输入并执行下述命令：

```
USE  d:\vfp\score
INDEX  ON  学号  TO  xh
TOTAL  ON  学号  TO  score2  FIELDS  学号，总成绩
USE  d:\vfp \score2
LIST
USE
```

三、实验练习

1. 统计 student 表中 1988 年出生的党员和非党员的人数，分别赋给变量 dy 和 fdy，并显示变量的值。

2. 求计算机应用专业学生的平均入学成绩，放入变量 pjcj 中并显示变量的值。

3. 对 score 表的记录按每门课程统计总成绩总和，生成 score3 新表。

实验 4.3 多工作区操作

一、实验目的

① 掌握为工作区命名的方法。
② 掌握选择当前工作区的方法和访问其他工作区数据表的方法。
③ 掌握在表之间建立临时关系的方法。

二、实验内容

【例 4.11】利用 student 表和 score 表显示学生的姓名、选课的课程号与总成绩等情况。

〖操作过程〗

① 使用菜单操作方式：

❖ 执行"窗口"→"数据工作期"菜单命令，打开"数据工作期"对话框，如图 4.3 的左图所示。

❖ 单击"打开"按钮，分别打开 student 表和 score 表。

❖ 选中 score 表，单击"属性"按钮，在打开的"工作区属性"对话框中设定"索引顺序"，本例指定"学号"为控制索引。（如果事先没有建立索引，则必须以"学号"字段建立要求的索引。）

❖ 将 student 表设置为父表：单击"数据工作期"对话框"别名"框中的 student 表，再单击"关系"按钮将其添加到"关系"框中。student 表下出现一折线，表示它在关系中的身份是父表。（若再单击"关系"按钮，可取消"关系"框中的 student 表。）

❖ 将 score 表设置为子表：单击"别名"框中的 score 表，出现"表达式生成器"对话

框(如果没有指定控制索引，则会先出现"设置索引顺序"对话框，这时应选择"学号"为
控制索引)，设置"学号"为两表相关联的字段，单击"确定"按钮完成设置，结果如图 4.3
的右图所示。

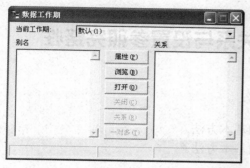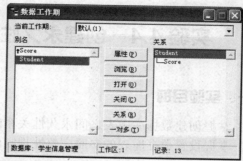

图 4.3 "数据工作期"对话框

❖ 使用"数据工作期"对话框分别打开两个表的浏览窗口。当单击 student 父表中的某
一记录，将其设置为当前记录时，在子表中出现与其相对应的记录，如图 4.4 所示。表明移动
父表记录指针时，子表的记录指针会自动移到与父表当前记录"学号"字段值相同的记录上。

图 4.4 student 父表与 score 子表之间记录指针对应移动

② 使用命令操作方式，在命令窗口输入下述命令：

```
CLEAR  ALL
SELECT  2
USE  d:\vfp\score
SET  ORDER  TO  TAG  xh
SELECT  1
USE  d:\vfp\student
SET  RELATION  TO  学号  INTO  B
LIST  ALL  FIELDS  A->姓名, B->课程号, B->总成绩  OFF
```

三、实验练习

1. 利用 student 表、course 表、score 表显示学生的姓名、学号、课程名、总成绩情况。

2. 用命令方式建立 course 表和 score 表的临时联系，显示选修了"vfp 程序设计"这门课程的所有学生的成绩信息。

实验 4.4　创建永久性关系与设置参照完整性

一、实验目的

① 掌握创建数据库中表之间永久性关系的基本方法。
② 掌握设置数据库表的参照完整性规则的基本方法。

二、实验内容

【例 4.12】在"学生信息管理"数据库中为 student 表和 score 表建立一对多永久关系（必须为两个表的"学号"字段创建相应索引）。设置 student 表和 score 表之间的参照完整性规则，将更新规则设置为"级联"，将删除规则设置为"忽略"，将插入规则设置为"限制"。

〖操作过程〗

① 打开"学生信息管理"数据库的数据库设计器，用鼠标将 student 主表的"xh"候选索引拖动到 score 子表中的"学号"普通索引上，松开鼠标左键，在两表之间出现一条表示永久关系的连线，如图 4.5 所示。

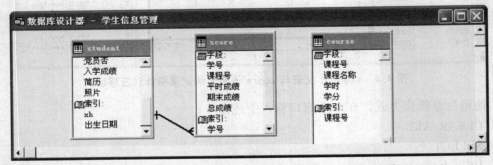

图 4.5　在 student 表与 score 表之间建立一对多关系

② 单击表示永久关系的连线，它变成粗线，表示被选中，用鼠标右键单击该连线，执行快捷菜单中的"编辑参照完整性"命令，打开"参照完整性生成器"对话框（必须先清理数据库），如图 4.6 所示。

③ 进入"更新规则"选项卡，选中第 1 个"级联"单选按钮，表示用父表中新的关键字值更新子表中的所有相关记录。进入"删除规则"选项卡，选中第 3 个"忽略"单选按钮，表示不管子表中有没有相关记录都允许删除父表中的记录。进入"插入规则"选项卡，选中第 1 个"限制"单选按钮，表示若父表中没有相匹配的关键字值，则禁止在子表中插入记录。

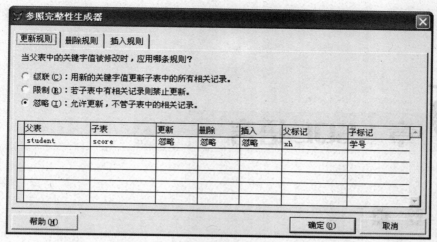

图 4.6 "参照完整性生成器"对话框

三、实验练习

1. 建立 course 表的"课程号"与 score 表的"课程号"之间的一对多永久关系。

2. 设置 student 表和 score 表之间的参照完整性规则,将更新规则设置为"级联",将删除规则设置为"限制",将插入规则设置为"限制"。

3. (等级考试题)① 打开 ecommerce 数据库,并将考生文件夹下的 orderitem 自由表添加到该数据库中。

② 为 orderitem 表创建一个主索引,索引名为 pk,索引表达式为"会员号+商品号";再为 orderitem 表创建两个普通索引(升序),其中一个索引名和索引表达式均为"会员号",另一个索引名和索引表达式均为"商品号"。

③ 通过"会员号"字段建立 customer 客户表和 orderitem 订单表之间的永久联系(注意不要建立多余的联系)。

④ 为以上建立的联系设置参照完整性约束:更新规则为"级联",删除规则为"限制",插入规则为"限制"。

第 5 章 SQL 语言

1. SQL 语言

SQL 是关系数据库的标准化通用查询语言，几乎所有的关系数据库管理系统都支持 SQL 语言，或者提供 SQL 语言的接口。

2. SQL 语言的数据定义功能

数据定义的功能指定义数据库的结构，用于定义存放数据的结构、组织数据项之间的关系，主要包括创建表或视图的结构，修改表或视图的结构，删除表或视图。

3. SQL 语言的数据操纵功能

数据操纵功能指确定了表的结构后，对表进行添加记录、更新记录和删除记录的操作。

4. SQL 语言的数据查询功能

数据查询功能指根据用户的需要从数据库存储的数据中提取数据。除此之外，还能完成对查询结果进行排序和统计等功能。

数据查询是数据库的核心操作。而查询命令 SELECT 也是 SQL 语言的核心，它的基本形式由 SELECT-FROM-WHERE 查询块组成，多个查询块可以嵌套执行。

5. SQL 中常用的命令动词

表 5.1 SQL 中常用的命令动词

SQL 功能	命令动词
数据查询	SELECT
数据定义	CREATE、DROP、ALTER
数据操纵	INSERT、UPDATE、DELETE

6. SQL 命令的书写规则

为提高 SQL 语句的可读性，常用的规则如下：

① 每个子句最好单独占一行。

② 除最后一行外，每行末尾应使用 ";" 符号，表示整条 SQL 语句尚未结束。

③ 每个子句开头的关键字最好用大写形式。

实验 5.1 SQL 语言的数据定义功能

一、实验目的

熟练掌握用 SQL 语言定义表、删除表和修改表结构的数据定义功能。

二、实验内容

完成本实验前的要求：

① 启动 Visual FoxPro 后，在命令窗口中输入并执行设置默认工作目录的命令：

SET DEFAULT TO d:\vfp

② 执行"文件"→"打开"菜单命令，在出现的"打开"对话框中选择"学生信息管理.dbc"数据库文件，在数据库设计器中打开它。

③ 在命令窗口中输入各例题中提到的操作命令，然后将它们复制到文本文件中保存以备检查。

【例 5.1】创建"学生"表，它由"学号(C，9)"、"姓名(C，8)"、"性别(C，2)"、"籍贯(C，30)"、"出生日期(D)"、"专业(C，14)"、"党员否(L)"、"备注(M)"和"照片(G)"字段组成。设置"学号"字段为主关键字。"性别"字段默认值为"女"，该字段只能输入"男"或"女"。"学号"和"姓名"字段不允许为空值。

〖操作过程〗

① 在命令窗口中输入并执行以下代码：

CREATE TABLE 学生(学号 C(9) PRIMARY KEY NOT NULL,;

姓名 C(8) NOT NULL,;

性别 C(2) DEFAULT "女" CHECK(性别$"男女") ERROR "性别只能为男或女",;

籍贯 C(30)，出生日期 D，专业 C(14),党员否 L，备注 M，照片 G)

② 在数据库设计器中选择"学生"表，单击右键，在快捷菜单中选择"修改"命令，在打开的表设计器中查看第①步操作的结果。

【例 5.2】将"学生"表中"性别"字段的默认值改为"男"。

〖操作过程〗

① 在命令窗口中输入并执行以下代码：

ALTER TABLE 学生 ALTER 性别 SET DEFAULT "男"

② 打开"学生"表的表设计器，查看修改结果。

【例 5.3】在"学生"表中增加两个字段：系代号(C，2)、入学成绩(N，3)，入学成绩必须大于 0。

〖操作过程〗

① 在命令窗口中输入并执行以下代码：

ALTER TABLE 学生 ADD 系代号 C(2)

ALTER TABLE 学生;

ADD 入学成绩 N(3) CHECK 入学成绩>=0 ERROR "成绩必须>=0"

② 打开"学生"表的表设计器，查看修改结果。

【例 5.4】修改"学生"表的入学成绩字段的有效性规则，将其设置为 0 到 700 之间。

〖操作过程〗

① 在命令窗口中输入并执行以下代码：

ALTER TABLE 学生;

ALTER 入学成绩 SET CHECK 入学成绩>=0 AND 入学成绩<=700;

ERROR "成绩必须在 0 到 700 之间"

② 打开"学生"表的表设计器，查看修改结果。

【例 5.5】将"学生"表的备注字段的字段名改为"特长"。

〖操作过程〗

① 在命令窗口中输入并执行以下代码：

ALTER TABLE 学生 RENAME COLUMN 备注 TO 特长

② 打开"学生"表的表设计器，查看修改结果。

【例 5.6】将"学生"表的"籍贯"字段的宽度由原来的 30 改为 10。

〖操作过程〗

① 在命令窗口中输入并执行以下代码：

ALTER TABLE 学生 ALTER 籍贯 C(10)

② 打开"学生"表的表设计器，查看修改结果。

【例 5.7】删除"学生"表中的"入学成绩"字段。

〖操作过程〗

① 在命令窗口中输入并执行以下代码：

ALTER TABLE 学生 DROP COLUMN 入学成绩

其中的 COLUMN 参数可以省略。

② 打开"学生"表的表设计器，查看删除结果。

【例 5.8】创建一个"部门"自由表，表中包括两个字段：系代号 C(2)、系名称 C(20)。将刚创建的"部门"表添加到"学生信息管理"数据库中，并将"系代号"字段设置为主索引关键字。

〖操作过程〗

① 在命令窗口中输入并执行以下代码：

CREATE TABLE 部门 ;

FREE(系代号 C(2) UNIQUE, 系名称 C(20))

② 在将自由表加入数据库之前必须先关闭自由表,在命令窗口中输入 USE 命令关闭"部门"表。

③ 在数据库设计器空白处单击鼠标右键,执行快捷菜单中的"添加表"命令,在打开的对话框中选择"部门.dbf"文件。

④ 在命令窗口中输入并执行以下代码：

```
ALTER TABLE 部门 DROP UNIQUE TAG 系代号
ALTER TABLE 部门 ADD PRIMARY KEY 系代号
```

⑤ 打开"部门"表的表设计器，查看设计结果。

【例 5.9】 为"学生"表的"系代号"字段建立普通索引，并建立与"部门"表的联系。

〖操作过程〗

① 在命令窗口中输入并执行以下代码：

```
ALTER TABLE 学生;
ADD FOREIGN KEY 系代号 TAG 系代号 REFERENCES 部门
```

② 在数据库设计器中查看操作结果。

【例 5.10】 删除"部门"表。

〖操作过程〗

① 删除"部门"表与"学生"表的关系，在命令窗口执行以下代码：

```
ALTER TABLE 学生 DROP FOREIGN KEY TAG 系代号
```

② 删除"部门"表，在命令窗口执行以下代码：

```
DROP TABLE 部门
```

③ 在数据库设计器中查看删除结果。

三、实验练习

1. 创建"课程"表，它由以下字段组成：课程号(C，2)、课程名称(C，20)、学分(N，3，1)。将"课程号"字段设置为主索引，为"课程号"字段建立有效性规则"课程号>="01" AND 课程号<="99""。

2. 创建"成绩"表，它由以下字段组成：学号(C，9)、课程号(C，2)、成绩(N，6，2)。使用"学号+课程号"表达式建立主索引。

3. 在"成绩"表中以"学号"字段建立普通索引，并建立与"学生"表的关系。在"成绩"表中以"课程号"字段建立普通索引，并建立与"课程"表的关系。

4. 将"学生"表的"党员否"字段的默认值设置为.T.。

5. 删除"学生"表中的"特长"和"照片"字段。

6. 删除"成绩"表。

实验 5.2　SQL 语言的数据操纵功能

一、实验目的

熟练掌握 SQL 语言中插入、更新和删除数据的数据操纵功能。

二、实验内容

做本实验要求同实验 5.1。

【例 5.11】使用 SQL 语言的 INSERT 命令，在"学生"表和"课程"表中插入记录。

〖操作过程〗

① 在命令窗口中输入并执行以下代码：

INSERT INTO 学生 （学号，姓名，出生日期，专业，籍贯）;
VALUES（"201120101","张小三",{^1987/08/28},"11 计算机应用","四川"）
INSERT INTO 学生 （学号，姓名，出生日期，专业，籍贯，党员否）;
VALUES（"201105047","王磊",{^1987/10/30},"11 国际贸易","湖南",.F.）
INSERT INTO 学生 （学号，姓名，性别，出生日期，专业，籍贯）;
VALUES（"201126013","薛红","女",{^1986/12/26},"11 广告设计","江苏"）

② 在数据库设计器的"学生"表上单击鼠标右键，执行快捷菜单中的"浏览"命令，打开它的浏览窗口，查看操作结果。

③ 在命令窗口中输入并执行以下代码：

INSERT INTO 课程 VALUES（"01","高等数学",5.0）

④ 打开"课程"表的浏览窗口，查看操作结果。

⑤ 在命令窗口中输入并执行以下命令，将 student 表中的第 4、第 5 条记录插到"学生"表的尾部。

USE student IN 0
SELECT student
GO 4
SCATTER TO arr
INSERT INTO 学生 FROM ARRAY arr
GO 5
SCATTER TO arr
INSERT INTO 学生 FROM ARRAY arr

⑥ 打开"学生"表的浏览窗口，查看操作结果。

【例 5.12】修改"学生"表中的"系代号"字段，使该字段的值为对应记录中"学号"字段的第 5、6 位。将"学生"表中所有男同学的出生日期值增加 2 天。

〖操作过程〗

① 在命令窗口中输入并执行以下代码：

UPDATE 学生 SET 系代号 = SUBSTR（学号，5, 2）

UPDATE 学生 SET 出生日期 = 出生日期 + 2 WHERE 性别 ="男"

② 打开"学生"表的浏览窗口，查看操作结果。

【例 5.13】在"学生"表中删除系代号为 26 的记录。

〖操作过程〗

① 在命令窗口中输入并执行以下代码：

　　DELETE FROM 学生 WHERE 系代号="26"

② 打开"学生"表的浏览窗口，查看操作结果。

③ 在命令窗口中输入并执行以下代码：

　　PACK

④ 打开"学生"表的浏览窗口，查看操作结果。

三、实验练习

1. 利用 SQL 语言的 INSERT 命令在"学生"表中插入记录，数据自拟

2. 利用 SQL 语言的 INSERT 命令在"课程"表中插入记录：("02","大学英语", 4.0)。

3. 利用 SQL 语言的 UPDATE 命令在"学生"表中"学号"字段值为"201120101"记录的"籍贯"字段尾部加上字符串"成都"。

4. 利用 SQL 语言的 DELETE 命令，删除"学生"表中的非党员记录。

5. 利用 SQL 语言的 DELETE 命令，删除"课程"表中所有记录。

6. 利用 SQL 命令删除"学生"表和"课程"表。

实验 5.3 SQL 语言的数据查询功能

一、实验目的

① 掌握对数据的简单查询、联接查询、嵌套查询。

② 掌握对数据的分组、排序、计算查询和使用量词查询。

③ 掌握几个特殊的运算符的使用方法。

④ 掌握设置查询去向的方法。

二、实验内容

做本实验的要求同实验 5.1。

【例 5.14】练习简单查询命令的用法。

〖操作过程〗

① 显示 course 表中的所有记录。在命令窗口中输入并执行以下代码：

　　SELECT * FROM course

查询结果如图 5.1 所示。

② 显示 student 表中的所有学生共属于哪几个专业。在命令窗口中输入并执行以下代码：

SELECT DISTINCT 专业 FROM student

查询结果如图 5.2 所示。

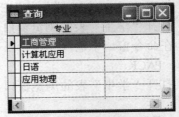

课程号	课程名称	学时	学分
020108	数据结构	54	3
020107	数据库原理	54	3
020449	vfp 程序设计	36	3
010304	大学物理	54	4
030101	管理学	36	2
030201	经济学	32	2
040102	信息系统	36	2
040103	数学	54	3
050101	日语	36	2

专业
工商管理
计算机应用
日语
应用物理

图 5.1　显示 course 表记录　　　　　图 5.2　显示无重复记录

③ 在 student 表中查询所有女学生的姓名及年龄。在命令窗口中输入并执行以下代码：

SELECT 姓名, YEAR(DATE())-YEAR(出生日期) AS 年龄;

FROM student;

WHERE 性别="女"

查询结果如图 5.3 所示(假设当前年份是 2011)。

④ 显示 student 表中出生日期在 1985 年和 1988 年之间的学生的学号、姓名、出生日期。在命令窗口中输入并执行以下代码：

SELECT 学号, 姓名, 出生日期;

FROM student ;

WHERE 出生日期 BETWEEN {^1985/1/1} AND {^1988/12/31}

查询结果如图 5.4 所示。

姓名	年龄
文馨	22
马爽	22
白慧	22
汪笑笑	21

学号	姓名	出生日期
201003105102	岳思雨	07/05/88
201003105103	汪飞	04/06/88
200801405101	许国莹	10/04/88
201003105101	罗亚男	03/03/88
200905105202	王鹏	05/05/88

图 5.3　显示所有女学生记录　　　图 5.4　显示出生日期在 1985 年到 1988 年之间学生记录

⑤ 显示 student 表中姓王的学生的学号、姓名、出生日期。在命令窗口中输入并执行以下代码：

SELECT 学号, 姓名, 出生日期;

FROM student;

WHERE 姓名 LIKE "王%"

查询结果如图 5.5 所示。

学号	姓名	出生日期
200905105202	王鹏	05/09/88

图 5.5　显示姓王的学生记录

【例 5.15】练习联接查询的用法。

〖操作过程〗

① 查询并显示学生信息管理数据库中所有学生的学号、姓名、总成绩及课程名称。在命令窗口中输入并执行以下代码：

```
SELECT student.学号, 姓名, score.总成绩, course.课程名称;
FROM student, score, course;
WHERE student.学号 = score.学号 AND score.课程号 = course.课程号
```

查询结果如图 5.6 所示。

② 查询并显示学生信息管理数据库中所有学生所选修的课程的情况。在命令窗口中输入并执行以下代码：

```
SELECT a.学号, a.姓名, c.课程名称;
FROM student a, score b, course c;
WHERE a.学号 = b.学号 AND b.课程号 = c.课程号
```

查询结果如图 5.7 所示。

学号	姓名	总成绩	课程名称
201006205102	徐杰	80.7	数据库原理
201006205102	徐杰	82.3	vfp 程序设计
201006205102	徐杰	86.3	数据结构
201003105102	岳思雨	80.6	经济学
201003105102	岳思雨	79.3	管理学
201003105103	汪飞	81.7	管理学
201006205103	文馨	63.7	vfp 程序设计
201006205103	文馨	90.6	数据库原理
200801405101	许国莹	84.3	日语
200801405102	马爽	91.8	日语
200801405102	马爽	91.7	经济学
201003105101	罗亚男	55.5	管理学
201003105101	罗亚男	80.1	数学

图 5.6 联接查询学生的课程及成绩

学号	姓名	课程名称
201006205102	徐杰	数据库原理
201006205102	徐杰	vfp 程序设计
201006205102	徐杰	数据结构
201003105102	岳思雨	经济学
201003105102	岳思雨	管理学
201003105103	汪飞	管理学
201006205103	文馨	vfp 程序设计
201006205103	文馨	数据库原理
200801405101	许国莹	日语
200801405102	马爽	日语
200801405102	马爽	经济学
201003105101	罗亚男	管理学
201003105101	罗亚男	数学

图 5.7 显示学生所选修的课程

【例 5.16】练习嵌套查询的用法。

〖操作过程〗

① 显示 "罗亚男" 所属专业的学生名单。在命令窗口中输入并执行以下代码：

```
SELECT 学号, 姓名, 专业 FROM student;
WHERE 专业= (SELECT 专业 FROM student WHERE 姓名="罗亚男")
```

查询结果如图 5.8 所示。

② 显示既选修了 030101 课程又选修了 030201 课程学生的学号。在命令窗口中输入并执行以下代码：

```
SELECT 学号 FROM score;
WHERE 课程号="030101" AND ;
学号 IN (SELECT 学号 FROM score WHERE 课程号="030201")
```

查询结果如图 5.9 所示。

图 5.8　显示指定的学生所在专业学生记录

图 5.9　显示选修指定课程学生记录

【例 5.17】练习排序、分组与计算查询的用法。

〖操作过程〗

① 按专业升序排序分类，显示学生的姓名、专业、课程名称、总成绩，同一专业学生按分数升序排序。在命令窗口中输入并执行以下代码：

```
SELECT 姓名, 专业, 课程名称, 总成绩;
FROM student, score, course;
WHERE student.学号 = score.学号 AND score.课程号 = course.课程号;
ORDER BY 专业, 总成绩
```

查询结果如图 5.10 所示。

姓名	专业	课程名称	总成绩
罗亚男	工商管理	管理学	55.5
岳思雨	工商管理	管理学	79.3
罗亚男	工商管理	数学	80.1
岳思雨	工商管理	经济学	80.6
汪飞	工商管理	管理学	81.7
白慧	工商管理	经济学	88.3
文馨	计算机应用	vfp程序设计	63.7
赵海洋	计算机应用	vfp程序设计	79.6
徐杰	计算机应用	数据库原理	80.7
徐杰	计算机应用	vfp程序设计	82.3
徐杰	计算机应用	数据结构	86.3
文馨	计算机应用	数据库原理	90.6
李利明	日语	日语	83.5
许国莹	日语	日语	84.3
马爽	日语	经济学	91.7
马爽	日语	日语	91.8
汪笑笑	应用物理	数学	81.3
汪笑笑	应用物理	信息系统	85.2
王鹏	应用物理	信息系统	88.4

图 5.10　按专业、分数排序后的查询结果

② 显示各班总人数。在命令窗口中输入并执行以下代码：

```
SELECT 专业, COUNT(专业) As 总人数;
FROM student;
```

GROUP　BY　专业

查询结果如图 5.11 所示。

③ 显示 student 表中学生人数至少有 3 人的专业和人数。在命令窗口中输入并执行以下代码：

　　SELECT　专业, COUNT（*）　AS　人数；

　　FROM　student；

　　GROUP　BY　专业；

　　HAVING　人数　>=　3

查询结果如图 5.12 所示。

图 5.11　各班人数　　图 5.12　至少有 3 人的专业及人数　　图 5.13　查询最高成绩

【例 5.18】使用量词查询总成绩最高的成绩信息。

在命令窗口中输入并执行以下代码：

　　SELECT　*　FROM　score；

　　WHERE　总成绩　>=　ALL（SELECT　总成绩　FROM　score）

查询结果如图 5.13 所示。

【例 5.19】练习设置查询去向的方法。

〖操作过程〗

① 将 student 表中的信息复制到 student1 表中。在命令窗口中输入并执行以下代码：

　　SELECT　*　FROM　student　INTO　DBF　student1

② 查询出每个学生所选课程的总成绩的平均分，将查询结果输出到 ab 表中。在命令窗口中输入并执行以下代码：

　　SELECT　学号, AVG（总成绩）　AS　平均分；

　　FROM　score；

　　GROUP　BY　学号；

　　INTO　TABLE　ab

ab 表的内容如图 5.14 所示。

Ab

学号	平均分
200801405101	84.30
200801405102	91.75
200801405103	83.50
200905105201	83.25
200905105202	88.40
201003105101	67.80
201003105102	79.95
201003105103	81.70
201003105104	88.30
201006205101	79.60
201006205102	83.10
201006205103	77.15

图 5.14　ab 表的记录

三、实验练习

1. 列出 student 表中不在 1988 年出生的女学生的学号、姓名和性别。
2. 查询 student 表中姓王且姓名由两个字组成的学生的情况。
3. 列出选修课程号为 020449 且分数在 80～90 之间的学生的学号、姓名、课程名称和成绩。
4. 列出没有选修任何一门课程的学生姓名及所在专业。
5. 按出生日期降序显示 student 表中男生的学号、姓名、出生日期。
6. 输出 student 表中党员人数超过 2 人的专业和人数。
7. 统计并显示每个专业女同学人数。
8. 显示选修了 020107 课程而没有选修 050101 课程的学生名单。
9. 求每个学生总成绩的平均分，显示他们的姓名及平均分。
10. 查询选修了管理学课程的所有学生的学号和总成绩，将结果输出到 bb 表中。
11. 列出至少选修了 3 门课的学生名单。
12. 将 score 表复制到 score1 表中。
13. (等级考试题)用 SQL 语句完成下列操作：列出“林诗因”持有的所有外币名称(取自 rate_exchange 表)和持有数量(取自 currency_sl 表)，并将检索结果按持有数量升序排序存储于 rate_temp 表中，同时将你所使用的 SQL 语句存储于新建的 rate.txt 文本文件中。
14. (等级考试题)使用 SQL 的 SELECT 语句完成一个汇总查询，结果保存在 results.dbf 表中，该表中含有“姓名”和“人民币价值”两个字段(其中“人民币价值”为持有外币的“rate_exchange.基准价*currency_sl.持有数量”的合计)，结果按“人民币价值”降序排序。

第6章 查询和视图

1. 查询的有关概念

查询是从指定的表或视图中提取满足条件的记录，然后定向输出查询结果。查询文件的扩展名为.qpr。查询仅反映表的当时数据，即使将查询去向设置为表，将数据保存下来，这个表也只是当时查询结果的一个静态写照。当源表被更新之后，再次运行查询，得到的结果会有所改变，但上次查询结果保存成的表中的数据仍然不变。

2. 创建查询

① 使用查询向导创建查询。打开查询向导的方法有：

❖ 执行"工具"→"向导"→"查询"菜单命令，在弹出"向导选取"对话框后，单击"查询向导"按钮。

❖ 执行"文件"→"新建"菜单命令，或单击常用工具栏上的"新建"按钮，打开"新建"对话框，然后选中"查询"选项，单击"向导"按钮，弹出"向导选取"对话框，在该对话框中选择所需的向导类型。

② 使用查询设计器创建查询，打开查询设计器的方法有：

❖ 在命令窗口中输入：

     CREATE QUERY <查询文件名>

❖ 执行"文件"→"新建"菜单命令，或单击常用工具栏上的"新建"按钮，打开"新建"对话框，选择"查询"选项，单击"新建文件"按钮。

❖ 在项目管理器(有关项目管理器的详细内容在第11章介绍)的"数据"选项卡中选择"查询"，单击"新建"命令按钮。

③ 查询设计器界面中各个选项卡和SQL语言中SELECT语句的各短语(子句)之间的对应关系：

❖ "字段"选项卡对应SELECT短语，指定所要查询的数据。

❖ "联接"选项卡对应JOIN ON短语，用于设置表之间的联接条件。

❖ "筛选"选项卡对应WHERE短语，用于设置查询中筛选记录的条件。

❖ "排序依据"选项卡对应短语，用于设置查询中记录的排序字段和排序方式。

❖ "分组依据"选项卡对应GROUP BY短语和HAVING短语，用于设置分组。

❖ "杂项"选项卡指定是否要重复记录(对应DISTINCT短语)及列在前面的记录(对应

TOP 短语)等。

3. 运行与修改查询

① 使用菜单或命令运行查询,显示查询结果,运行查询的方法有:

❖ 在"查询设计器"窗口是当前窗口时,执行"查询"→"运行查询"菜单命令或单击工具栏上的 ! 按钮,可以运行当前正在设计中的查询。

❖ 执行"程序"→"运行"菜单命令,打开"运行"对话框,选择要运行的查询文件,单击"运行"按钮。

❖ 在命令窗口中输入命令:

DO <查询文件名>

后运行查询文件。注意查询文件名必须使用全名,即扩展名.qpr 不能省略。

② 修改查询:执行"文件"→"打开"菜单命令,在"打开"对话框中选择要修改的查询文件,即可打开该文件对应的查询设计器修改查询。也可以用下述命令打开查询设计器:

MODIFY QUERY <查询文件名>

【注意】当一个查询是基于多个表时,这些表之间必须有联系。查询设计器会自动根据联系提取联接条件,否则在打开查询设计器之前还会打开一个指定联接条件的对话框,由用户设置联接条件。

③ 设置查询去向:使用查询设计器可根据需要设置查询的输出去向。执行"查询"→"查询去向"菜单命令,或在"查询设计器"工具栏中单击"查询去向"按钮。

4. 视图的有关概念

视图是从一个表、几个表或其他视图中派生出来的虚拟"表",本身不独立存储数据。视图的定义保存在当前数据库中。访问视图时,系统将按照视图的定义根据来源表存取数据,所以视图能动态地反映表的当前情况。通过视图可以从表中提取一组记录进行浏览,也可以改变这些记录的值,并将更新结果送回来源表。

视图分本地视图和远程视图两种,本地视图是指用当前数据库中的表建立的视图。

5. 创建本地视图

可以使用"视图向导"和"视图设计器"两种方法创建视图,只有打开或创建包含视图的数据库后,才能创建视图。

① 使用视图向导创建本地视图,打开视图向导的方法有:

❖ 在"数据库设计器"窗口是当前窗口时,执行"数据库"→"新建本地视图"菜单命令,进入"新建本地视图"对话框后单击"视图向导"按钮。

❖ 执行"文件"→"新建"菜单命令,在弹出的"新建"对话框中选择"视图"单选按钮后单击"向导"按钮。

❖ 在"数据库设计器"窗口中单击鼠标右键,执行快捷菜单中的"新建本地视图"命令,进入"新建本地视图"对话框,然后单击"视图向导"按钮。

② 使用视图设计器创建视图,打开视图设计器的方法有:

执行"文件"→"新建"菜单命令,或单击"常用"工具栏上的"新建"按钮,打开"新建"对话框,然后选择"视图"选项并单击"新建文件"按钮,打开视图设计器。

视图设计器各选项卡的作用和查询设计器类似。

③ 使用 SQL 语句创建视图,语句格式为:

CREATE VIEW <视图> AS <SELECT 查询语句>

④ 数据更新设置：在视图浏览窗口可以编辑和修改源数据表中的记录。要想通过对视图的操作更新源数据表的数据，需要在视图设计器的"更新条件"选项卡中进行操作：选中左下侧的"发送 SQL 更新"复选框。通过"表"下拉列表框选择表，在"字段名"列表框中选择可以更新的字段。在字段名列表框每个字段左侧有两列复选框， 列表示关键字， 列表示可更新字段，单击相应列前的复选框可以改变相关的状态。默认情况下可以更新所有非关键字段。

6．视图的使用

① 在项目管理器中浏览视图：选中视图所在数据库，选择某个视图，用鼠标右键单击该视图，执行快捷菜单中的"浏览"命令，或执行"数据库"→"浏览"菜单命令，都可在"浏览"窗口中显示视图，并可对视图进行操作。

② 打开数据库后，用 SQL 语句直接操作视图。

7．查询和视图的区别

① 创建查询后将生成以.qpr 为扩展名的独立文件保存在磁盘上，而视图的设计结果只保存在数据库中。

② 使用视图可以更新源数据表的数据，所以视图设计器比查询设计器多了一个"更新条件"选项卡。

③ 视图的输出去向只有浏览窗口，而查询可以选择不同的输出去向。

实验 6.1 创建和运行查询

一、实验目的

① 掌握利用查询向导创建查询的方法。
② 掌握利用查询设计器创建查询的方法。
③ 掌握创建单表和多表查询的方法。
④ 掌握运行查询的方法。

二、实验内容

【例 6.1】使用查询向导，从 student 表中查询计算应用专业学生的"学号"、"姓名"、"籍贯"字段，结果按"学号"的降序显示。将查询设计结果保存在 chaxun1.qpr 文件中。

〖操作过程〗

① 执行"文件"→"新建"菜单命令，在弹出的对话框中选择"查询"选项，如图 6.1 所示。单击"向导"按钮，打开图 6.2 所示的"向导选取"对话框。在"向导选取"对话框中选择"查询向导"选项，单击"确定"按钮，弹出图 6.3 所示的"查询向导"系列对话框的第 1 个对话框。

② 设置查询输出的字段：

在"步骤1-字段选取"对话框的"数据库和表"列表框中选择作为查询数据源的 student 表，从"可用字段"列表框中选择"学号"字段，单击向右移按钮 ▶ ，将该字段移到"选定字段"列表框中。用同样方法将"姓名"、"籍贯"字段从左侧的"可用字段"列表框移到右侧的"选定字段"列表框中。

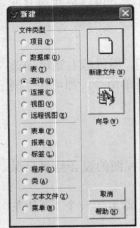

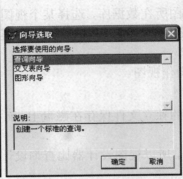

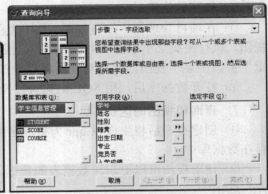

图 6.1 "新建"对话框　　图 6.2 "向导选取"对话框　　图 6.3 查询向导之步骤1

③ 设置查询筛选记录的条件：

在图 6.3 所示的对话框中单击"下一步"按钮，进入查询向导的"步骤3-筛选记录"对话框，如图 6.4 所示。

从第 1 行的"字段"下拉列表框中选择"专业"字段，从"操作符"下拉列表框中选择"包含"，在"值"文本框中输入"计算机应用"。

在向"值"文本框中输入内容时，如果输入的内容是一个字符串，可以不输入字符串的定界符；如果输入的内容是一个日期型常量，也不必用花括号括起来；如果输入的内容是一个逻辑型常量，必须给出定界符"."。

④ 设置记录排序方式：

在图 6.4 所示的对话框中单击"下一步"按钮，进入查询向导的"步骤4-排序记录"对话框。

在"可用字段"列表框中选择作为排序依据的"学号"字段，单击"添加"按钮，将其添加到"选定字段"列表框中。选好排序字段后，在单选按钮组中选择"降序"单选按钮，如图 6.5 所示。

可选择多个排序字段进行排序，此时查询结果先按第 1 个排序字段排序，如果该字段值相等，再按第 2 个排序字段排序，依此类推。

⑤ 设置对输出记录的限制条件：

在图 6.5 所示的对话框中单击"下一步"按钮，进入查询向导的"步骤4a-限制记录"对话框，如图 6.6 所示。这里有两组单选按钮，用来设置在浏览查询窗口中显示记录的限制。可选择按记录的百分比输出，也可以指定在查询结果中的记录数。本例选择默认值。

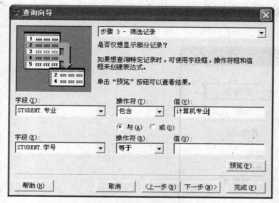

图 6.4　查询向导之步骤 3

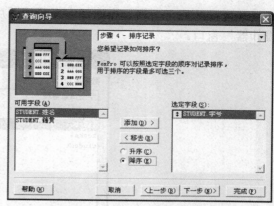

图 6.5　查询向导之步骤 4

⑥ 保存查询设计结果：

在图 6.6 所示的对话框中单击"下一步"按钮，进入图 6.7 所示的查询向导的"步骤 5-完成"对话框。该对话框中有 3 个单选按钮，本例选择"保存并运行查询"单选按钮，单击"完成"按钮，打开"另存为"对话框，将查询保存在 d:\vfp 文件夹中，文件名为 chaxun1，默认扩展名为.qpr。在把查询以文件形式存盘后，系统将立即显示出它的运行结果。

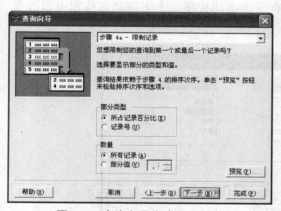

图 6.6　查询向导之步骤 4a

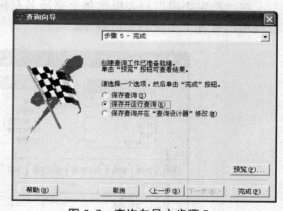

图 6.7　查询向导之步骤 5

【例 6.2】使用查询设计器建立一个 chaxun2.qpr 查询，输出所有年龄小于 22 且不是党员的学生选修的课程的成绩单，按年龄从大到小列出学生的"学号"、"姓名"、"年龄"、"课程名称"、"总成绩"字段值，最后把结果放到一个 cx.dbf 表中。

〔操作过程〕

① 启动查询设计器，设置查询的来源数据表：

❖ 单击"常用工具栏"上的"新建"按钮，打开"新建"对话框，然后选择"查询"选项并单击"新建文件"按钮打开查询设计器。

❖ 打开查询设计器新创建查询时，系统首先弹出图 6.8 所示的"添加表或视图"对话框，让用户从中选择建立查询的表或视图。选中 student 表，然后单击"添加"按钮即可将该表添加到新建的查询中。用同样的方法把 score 表和 course 表添加到查询中。如果单击"其他"

按钮还可以选择自由表。当选择完表或视图后，单击"关闭"按钮进入图 6.9 所示的"查询设计器"窗口。

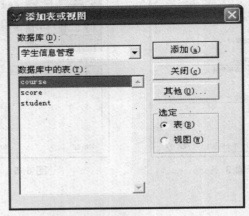

图 6.8　"添加表或视图"对话框

② 设置在查询中要输出的字段：

在"字段"选项卡中设置查询结果中要包含的字段，"字段"选项卡的操作界面参见图 6.10。

在"选定字段"列表框的每个字段名左侧都有一个拖动按钮，上下拖动该按钮可以改变查询输出时各个字段的先后顺序。

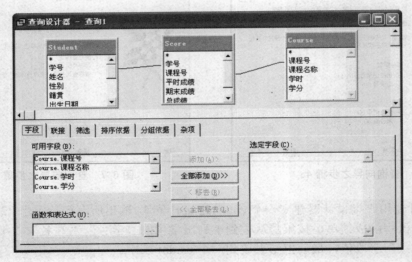

图 6.9　查询设计器

③ 设置查询中要输出的函数或表达式：

使用"字段"选项卡的"函数和表达式"文本框可以输入函数或表达式，从而在查询中生成一个来源数据表中没有的虚拟字段。本例要求输出的年龄就是一个虚拟字段，其值可以用表达式"year(date())-year(student.出生日期)"生成。设置完成后的"字段"选项卡如图 6.10 所示。

图 6.10　查询设计器的"字段"选项卡

④ 设置表之间的联接方式和联接条件：

在查询中如果包含两个以上的表，查询设计器会在表之间进行比较，找到它们共有的字段，自动为它们建立联接。也可以通过"联接"选项卡选择并设置联接的字段、条件以及联接类型，建立数据表之间的联接。本例建立表之间的内部联接，分别是"Student.学号 = Score.学号"和"Score.课程号 = Course.课程号"。

⑤ 设置筛选记录的条件：

在"筛选"选项卡中设置筛选记录的条件。本题的筛选条件是"年龄小于 22 且不是党员的学生"，设置结果如图 6.11 所示。

设置筛选条件时要注意：

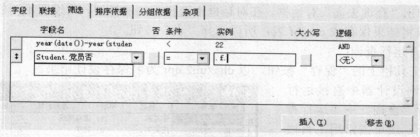

图 6.11　查询设计器的"筛选"选项卡

❖ 当输入的字符串内容与查询所依据的表中字段名相同时，需用引号将字符串括起来。

❖ 日期必须使用以花括号括起来的严格的日期格式。

❖ 逻辑值的前后必须使用英文句点"."。

❖ 若想对逻辑操作符的含义取反，要选中"否(Not)"列中相应的复选框。

⑥ 设置输出记录的排序依据：

在"排序依据"选项卡中指定排序的字段和排序方式，可以选择多个排序字段。本例按"年龄"降序排列记录。在"选定字段"列表框选中用来排序的"year(date())-year(student.出生日期)"字段，单击"添加"按钮将其添加到"排序条件"列表框中，在"排序选项"单选按钮组中选择"降序"单选按钮，如图 6.12 所示。

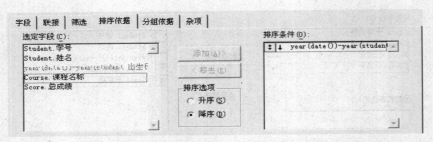

图 6.12　查询设计器的"排序依据"选项卡

⑦ 查看设计结果生成的 SQL 语句：

在查询设计器中可以查看查询所生成的 SQL 语句。单击"查询设计器"工具栏上的"显示 SQL 窗口"按钮，或执行"查询"→"查看 SQL"菜单命令，或在查询设计器空白处单击鼠标右键，在弹出的快捷菜单中执行"查看 SQL"命令。可以通过将 SQL 语句复制到程序中或命令窗口中的方式修改和执行 SQL 语句。本例在打开查看窗口后，在表达式"YEAR（DATE（））-YEAR（Student.出生日期）"后输入"AS 年龄"，为该表达式设置"年龄"标题。

⑧ 设置查询的输出去向：

单击"查询设计器"工具栏上的"查询去向"按钮，或执行"查询"→"查询去向"菜单命令，或在查询设计器空白处上单击鼠标右键，在弹出的快捷菜单上执行"输出设置"命令，都可以弹出"查询去向"对话框。在对话框上选择不同的按钮，可设置不同的输出去向。本例要求将结果保存成 cx.dbf 表，所以选择"表"按钮。

⑨ 保存并运行查询：

❖ 单击工具栏上的"保存"按钮，以 chaxun2.qpr 为名保存设计结果。

❖ 在查询设计器中直接运行查询——执行"查询"→"运行查询"菜单命令，或单击常用工具栏上的"运行"按钮，即可运行查询。完成第⑦步操作后的运行结果如图 6.13 所示。

学号	姓名	年龄	课程名称	总成绩
200905105201	汪笑笑	21	信息系统	85.2
200905105201	汪笑笑	21	数学	81.3
200801405103	李利明	21	日语	83.5

图 6.13　查询输出结果

❖ 利用菜单操作运行查询——设计完查询将其保存成查询文件并关闭查询设计器后，执行"程序"→"运行"菜单命令，打开"运行"对话框，选择要运行的查询文件，再单击"运行"按钮，即可运行查询。

❖ 命令方式——在命令窗口中输入命令

　　　DO d:\vfp\chaxun2.qpr

即可运行查询文件，注意扩展名.qpr 不能省略。

〖注意〗因为本例的输出去向为表，所以运行查询后的结果保存在 cx 表中，并不输出到浏览窗口。因此要想查看结果，需要打开 cx 表，才能浏览其记录。

三、实验练习

1. 根据 student（学生）表、course（课程）表和 score（成绩）表，用查询设计器建立 chaxun3

查询，要求如下：

　① 查询输出结果包含"学号"、"姓名"、"课程名称"、"总成绩"、"学分"字段。

　② 查询条件：检索至少选修了两门课程且每门选修课程学分大于等于 3 分的学生。

　③ 按照课程名对查询结果进行分组，并且按总成绩从高到低排序显示。

　④ 将查询结果的输出去向设置为浏览窗口。

　2. 根据 student 表、course 表和 score 表，用查询向导建立 chaxun4 查询，要求如下：

　① 查询输出结果包含"学号"、"姓名"、"课程名称"、"总成绩"字段。

　② 查询条件：检索 1987 年 9 月以后出生的男同学。

　③ 按总成绩升序排序。

　④ 将查询结果的输出去向设置为"表"，表的名称是 cx4.dbf。

　3. （等级考试题）① 在 score_manager 数据库查询学生的姓名和年龄，计算年龄的公式是："2003-year（出生日期）"，年龄作为字段名，结果保存在一个 new_table1 新表中。

　② 在 score_manager 数据库中查询没有选修任何课程的学生信息，查询结果包括"学号"、"姓名"和"系部"字段，查询结果按学号升序保存在一个 new_table2 新表中。

实验 6.2　创建和运行视图

一、实验目的

　① 掌握使用视图向导创建单表视图和多表视图的方法。

　② 掌握使用视图设计器创建和修改视图的方法。

　③ 掌握创建和管理视图的命令。

　④ 掌握运行视图的方法。

二、实验内容

【例 6.3】根据"学生信息管理"数据库中的 student 表，用视图向导设计一个 st1 视图，要求：找出所有是党员的女同学；在视图中包含"学号"、"姓名"、"出生日期"、"专业"字段；视图中的记录按专业升序排序。

〖操作过程〗

打开"学生信息管理"数据库的数据库设计器，在数据库设计器的空白处单击鼠标右键，在弹出的快捷菜单中执行"新建本地视图"命令，打开"新建本地视图"对话框，单击"视图向导"按钮，弹出"本地视图向导"系列对话框的第 1 个对话框。

详细步骤参考例 6.1 的叙述。

【例 6.4】根据"学生信息管理"数据库中的 student 表、score 表和 course 表，用视图设计器设计一个 st2 视图，要求：找出所有选修课程学分至少为 3 分的学生；在视图中包含"学号"、"姓名"、"课程名称"、"总成绩"、"学分"字段；按"学号"字段的值升序排序；使用视图可以修改"总成绩"字段的值，并能更新产生视图的源表中对应的"总成绩"字段内容。

55

〖操作过程〗

① 启动视图设计器,设置视图的来源数据表:

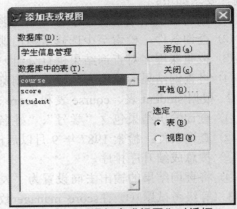

图6.14 "添加表或视图"对话框

打开数据库设计器,在空白处单击鼠标右键,在弹出的快捷菜单中执行"新建本地视图",打开"新建本地视图"对话框,单击"新建视图"按钮,在弹出的"添加表或视图"对话框(见图6.14)中将所需要的student表、score表和course表添加到视图设计器中。关闭"添加表或视图"对话框,可以看到视图设计器中出现3个表,参见图6.15。

② 设置在视图中要显示的字段:

进入"字段"选项卡,从"可用字段"列表框中选择student表的"学号"字段,单击"添加"按钮,将其添加到右侧的列表框中。再将student表的"姓名"字段、score表的"总成绩"字段、course表的"课程名称"字段和"学分"字段添加到列表框中,结果如图6.15所示。

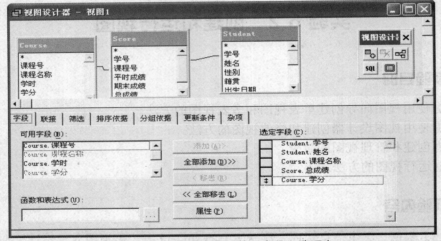

图6.15 视图设计器及其"字段"选项卡

③ 设置筛选记录的条件:

进入"筛选"选项卡,将筛选条件设置为"学分>=3",如图6.16所示。

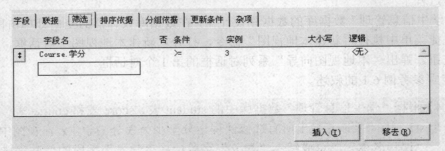

图6.16 视图设计器的"筛选"选项卡

④ 设置显示记录的排序依据:

进入"排序依据"选项卡，从"选定字段"列表框中选择表 student 表的"学号"字段，单击"添加"按钮，"学号"字段出现在右侧的"排序条件"列表框中，如图 6.17 所示。

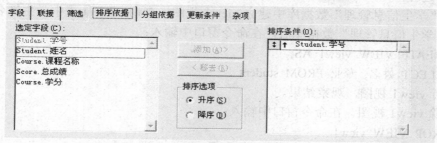

图 6.17　视图设计器的"排序依据"选项卡

⑤ 设置更新记录的方式：

进入"更新条件"选项卡，选中"Score.成绩"字段前的钥匙和铅笔两列，选中左下角的"发送 SQL 更新"复选框，如图 6.18 所示。

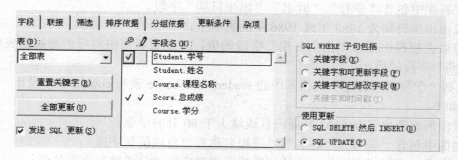

图 6.18　视图设计器的"更新条件"选项卡

⑥ 保存与运行视图：

单击工具栏上的"保存"按钮，以 st2 为名保存视图。

在视图设计器空白处单击鼠标右键，在弹出的快捷菜单中执行"运行查询"命令，结果如图 6.19 所示。将汪笑笑同学的数学成绩改为 85，关闭视图窗口。

浏览 score 源表，发现 200905105201 号学生的 040103 号课程的成绩确实已经修改为 85，如图 6.20 所示。

学号	姓名	课程名称	总成绩	学分
200905105201	汪笑笑	数学	81.3	3
200905105201	汪笑笑	信息系统	85.2	3
200905105202	王鹏	信息系统	88.4	3
201003105101	罗亚男	数学	80.1	3
201006205101	赵海洋	vfp 程序设计	79.6	3
201006205102	徐杰	数据库原理	80.7	3
201006205102	徐杰	vfp 程序设计	82.3	3
201006205102	徐杰	数据结构	86.3	3
201006205103	文謇	vfp 程序设计	63.7	3
201006205103	文謇	数据库原理	90.6	3

图 6.19　视图运行结果

学号	课程号	平时成绩	期末成绩	总成绩
201003105101	040103	81.0	80.0	80.1
200905105202	040102	92.0	88.0	88.4
201003105104	030201	91.0	88.0	88.3
200905105201	040103	84.0	81.0	85.0
200905105201	040102	87.0	85.0	85.2
200801405103	050101	88.0	83.0	83.5
201006205101	020449	85.0	79.0	79.6

图 6.20　源表 score 的数据

〔说明〕和查询类似，也可以查看视图的 SQL 语句。

【例 6.5】用命令方式建立和删除视图。

〖操作过程〗

① 在"学生信息管理"数据库中建立 view1 视图，查询 student 表中学生姓名及所在专业。打开"学生信息管理"数据库后，在命令窗口中输入：

    CREATE VIEW view1 AS;
    SELECT 姓名，专业 FROM student

② 运行 view1 视图，观察结果。

③ 删除 view1 视图。在命令窗口中输入：

    DROP VIEW view1

三、实验练习

1. 根据"学生信息管理"数据库中的 student 表，使用视图向导设计一个 st3 视图，要求如下：

① 在视图中包含"学号"、"姓名"、"出生日期"字段。

② 找出出生日期为 1988 年或 1986 年的男学生。

③ 可以在视图中更改"出生日期"字段的值，并能更新视图对应的源数据表中对应的"出生日期"字段的值。

2. 根据"学生信息管理"数据库中的 student 表、score 表和 course 表，设计一个 st4 视图，要求如下：

① 找出所有选修了 040103 号课程且成绩大于 80 分的学生。

② 视图中包含"学号"、"姓名"、"课程名称"、"总成绩"字段。

③ 可以通过更新视图更新对应的源数据表中对应的"总成绩"字段的值。

④ 视图中的记录按"学号"字段的值降序排序。

3. 使用命令方式创建 sgrade 视图，列出"学生信息管理"数据库中学生的"学号"、"姓名"、"课程名称"和"总成绩"字段的值。

4. （等级考试题）建立一个名称为"外汇管理"的数据库，将 currency_sl.dbf 和 rate_exchange.dbf 表添加到新建立的数据库中，利用视图设计器建立满足如下要求的视图：

① 视图按顺序包含列 currency_sl.姓名、rate_exchange.外币名称、currency_sl.持有数量和表达式"rate_exchange.基准价*currency_sl.持有数量"。

② 按"rate_exchange.基准价*currency_sl.持有数量"的值降序排列。

③ 将视图保存为 view_rate。

5. （等级考试题）建立 new_view 视图，该视图含有选修了课程但没有参加考试（"成绩"字段值为 NULL）的学生信息（包括"学号"、"姓名"、"系部"3 个字段）。

第 7 章 Visual FoxPro 程序设计

1. 程序

Visual FoxPro 程序是为实现某一任务，将若干条 Visual FoxPro 命令和程序控制语句按一定的结构组成的命令序列，并保存在一个以.prg 为扩展名的文件中，该文件就称为程序文件或命令文件。

在 Visual FoxPro 中，程序是以文件的形式保存在外存储器中的，必须从外存调入内存才能执行。

2. 基本语句

① 程序文件的建立与修改

　　MODIFY COMMAND［程序文件名［.prg]]

② 程序文件的运行：

　　DO〈程序文件名［.prg]〉

③ 基本的输入语句

❖ INPUT 语句：

【格式】INPUT［〈文本提示信息〉] TO 内存变量名表。

【注意】使用该语句可以输入数值型、字符型、日期型、逻辑型数据和表达式。输入的数据必须符合 Visual FoxPro 规定的数据格式。

❖ ACCEPT 语句：

【格式】ACCEPT［〈文本提示信息〉] TO 内存变量名表。

【注意】该命令将任何输入都作为字符型数据保存。

❖ WAIT 语句：

【格式】WAIT［〈字符表达式〉]［TO〈内存变量〉]［WINDOWS[AT〈行〉,〈列〉]]
［NOWAIT]［TIMEOUT〈数值表达式〉]。

3. 分支结构

① IF 语句用来完成单分支或双分支的选择：

【格式】

　　IF〈条件表达式〉

　　语句序列 1

```
        [ELSE
            语句序列 2]
        ENDIF
    ② IF 语句的嵌套：
【格式】
        IF 〈条件表达式 1〉
            语句序列 1
        ELSE
            IF 〈条件表达式 2〉
            语句序列 2
            ELSE
                IF 〈条件表达式 3〉
                语句序列 3
                ELSE
                    语句序列 4
                ENDIF
            ENDIF
        ENDIF
    ③ 多分支语句：
【格式】
        DO  CASE
        CASE 〈条件 1〉
            语句序列 1
        CASE 〈条件 2〉
            语句序列 2
            ……
        CASE 〈条件 n〉
            语句序列 n
        [OTHERWISE
            语句序列 n+1]
        ENDCASE
```

    4. 循环结构
    ① DO WHILE—ENDDO 语句用于条件成立时执行循环。
【格式】

```
        DO  WHILE 〈条件表达式〉
            〈语句序列 1〉
            [LOOP]
            〈语句序列 2〉
            [EXIT]
```

        〈语句序列 3〉

    ENDDO

② FOR—ENDFOR 语句用于计数循环。

【格式】

    FOR 〈循环变量〉= 〈初值〉TO 〈终值〉［STEP 〈步长〉]

        〈循环体语句〉

    ENDFOR | NEXT

③ SCAN—ENDSCAN 语句用于扫描数据表记录并进行处理。

【格式】

    SCAN ［〈范围〉]［FOR 〈条件 1〉]［WHILE 〈条件 2〉]

        〈循环体语句〉

    ENDSCAN

5. 过程及过程调用

① 过程文件的建立：

【格式】

    PROCEDURE 〈过程名〉

      ［PARAMETERS 〈参数表〉]

      〈命令语句序列〉

      ［RETURN ［〈表达式〉]]

    ［ENDPROC]

② 打开过程文件：

【格式】SET PROCEDURE TO 〈过程文件名 1〉[,〈过程文件名 2〉,……]

③ 关闭过程文件：

【格式】

    CLOSE PROCEDURE

    SET PROCEDURE TO

④ 带参数的过程调用：

【格式 1】DO 〈过程名〉［WITH 〈实参 1〉[, 〈实参 2〉…]]

【格式 2】〈过程名〉(〈实参 1〉[, 〈实参 2〉…])

6. 变量的作用范围

按作用范围区分，Visual Foxpro 中包含 4 种类型的变量：局部变量（默认）、全局变量（PUBLIC）、私有变量(PRIVATE)、局域变量(LOCAL)。

① 局部变量：凡在程序中未用 PUBLIC、PRIVATE、LOCAL 等声明的变量，VFP 系统都默认其为局部变量。其特点为：局部变量在定义它的程序模块和它调用的程序模块中有效，下级程序模块中的局部变量不能被任何上一级程序模块(调用模块)使用；父程序中的局部变量在其调用的子程序模块中仍然有效，即在其调用的程序模块中对局部变量的修改将带回到父程序中。

② 全局变量：全局变量一旦建立就一直有效，只有执行了 CLEAR MEMORY、RELEASE ALL、QUIT 等命令才被释放。在命令窗口中创建的所有变量都是全局变量，在程序中的定

义格式如下:

【格式】PUBLIC 〈内存变量名表〉。

③ 私有变量:主要用来保护与其同名的上级程序模块中定义的变量。定义格式如下:

【格式 1】PRIVATE 〈内存变量名表〉

【格式 2】PRIVATE ALL ［LIKE 〈标识符〉]｜[EXCEPT 〈标识符〉]

④ 局域变量:只能在创建它们的程序模块中引用和修改的变量,不能被其他程序模块访问。定义格式如下:

【格式】LOCAL 〈内存变量名表〉。

如果只使用定义语句定义变量,那么其初始值全部为逻辑假值.F.。

实验 7.1   程序文件的创建及运行

一、实验目的

① 掌握程序的概念。

② 掌握创建和修改程序文件的方法。

③ 掌握运行和调试程序的方法。

④ 掌握基本的输入、输出语句。

二、实验内容

【例 7.1】编制程序,输入两个数据分别保存到两个变量中,然后交换这两个变量的值并显示交换结果。

〖分析〗要交换两个变量的值应该借助一个中间变量。

〖操作过程〗

① 打开程序编辑窗口:

执行"文件"→"新建"菜单命令,在弹出的"新建"对话框中选择"程序"单选项,再单击"新建文件"命令按钮,打开程序编辑窗口,如图 7.1 的左图所示。在命令窗口中执行 MODIFY COMMAND 命令也可以打开程序编辑窗口。

② 在程序编辑窗口中输入程序代码,代码如下:

```
CLEAR
INPUT "请输入 a 的值: " TO a
INPUT "请输入 b 的值: " TO b
c=a
a=b
b=c
?"a=", a
?"b=", b
```

输入代码后的程序编辑窗口如图 7.1 的右图所示。

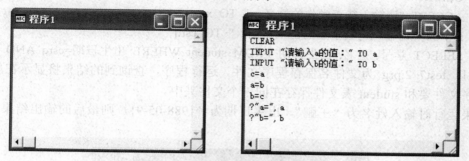

图 7.1　在程序编辑窗口中输入程序代码

③ 保存程序文件：

执行"文件"→"保存"菜单命令，弹出"另存为"对话框。在"保存在"下拉列表框中选择 d:\vfp 作为保存文件的文件夹，在"保存文档为"文本框中输入文件名 test7_1.prg（程序文件名可以随便起，但要符合文件的起名规则），如图 7.2 所示。单击"保存"按钮，保存程序设计结果。

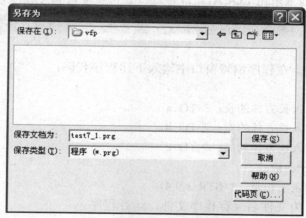

图 7.2　"另存为"对话框

④ 运行程序：

在命令窗口中执行 DO test7_1.prg 命令或单击工具栏中的"运行"按钮。

如果运行时输入 a 的值为 100、b 的值为 50，则最后输出的结果是：

　　a=50

　　b=100

〖思考〗本题程序中如果不借助中间变量 c，能否完成交换变量值的要求？

【例 7.2】编制程序，要求在 student 表中查询指定姓名和出生日期的学生，并将查询到的结果显示在屏幕上。

〖分析〗在数据表中进行查询必须先打开表文件，在程序代码的最后要编写关闭表文件的命令，查询命令可以采用 LOCATE FOR 语句或 SQL 语言的 SELECT 语句完成。

〖操作过程〗

① 新建一个程序，在程序编辑窗口中输入下述程序代码：

```
CLEAR
ACCEPT "请输入待查学生的姓名: " TO xm
INPUT "请输入待查学生的出生日期: " TO csrq
SELECT 学号, 姓名, 出生日期 FROM student WHERE 出生日期=csrq AND 姓名=xm
```

② 以 test7_2.prg 为文件名保存程序文件。运行程序，查询到的结果将显示在屏幕上，注意程序文件要和 student 表文件保存在同一个文件夹中。

如果运行时输入姓名为"王鹏"，出生日期为{^1988-05-9}，则最后的输出结果如图 7.3 所示。

图 7.3 查询结果

〖思考〗本例题如果采用 LOCATE 语句进行查询该如何编写程序？

【例 7.3】从键盘上输入一个长方体的长、宽、高，计算该长方体的表面积。

〖操作过程〗

① 新建一个程序，在程序编辑窗口中输入下述程序代码：

```
CLEAR
INPUT "请输入长方体的长: " TO a
INPUT "请输入长方体的宽: " TO b
INPUT "请输入长方体的高: " TO c
s = 2*(a*b+b*c+a*c)
?"该长方体的表面积是: "+STR(s,9,4)
```

② 以 test7_3.prg 为文件名保存程序文件，运行程序。

运行时如果分别输入 4，3，2，则显示结果如下：

该长方体的表面积是: 52.0000

【例 7.4】假设某储户到银行提取存款 x 元(提取款额元数能被 10 整除)，求银行出纳员的最佳付款方式(即各种钞票的总张数最少，最低面额为 10 元)。

〖分析〗可以从最大的票额(100)开始，算出所需的张数，再算出其他票额的张数。这个程序的处理中要用到 INT()取整函数。

〖操作过程〗

① 新建一个程序，在程序编辑窗口中输入下述程序代码：

```
SET TALK OFF
CLEAR
INPUT "请输入所提取的金额数: " TO x
?"所提取的金额是: ",x
y1 = INT(x/100)                    && 求 100 元钞票的张数
```

```
x = x – y1*100
y2 = INT(x/50)                    &&求 50 元钞票的张数
x = x – y2*50
y3 = INT(x/20)
x = x – y3*20
y4 = INT(x/10)
?"最佳付款方式为："
?"100 元"+STR(y1)+"张"
?"50 元"+STR(y2)+"张"
?"20 元"+STR(y3)+"张"
?"10 元"+STR(y4)+"张"
SET  TALK  ON
```

② 以 test7_4.prg 为文件名保存程序文件，运行程序。

如果运行时输入的金额是 234560，则最后输出的结果为：

最佳付款方式为：

100 元	2345 张
50 元	1 张
20 元	0 张
10 元	1 张

〖思考〗本题是否可以采用取余运算(%)完成？

三、实验练习

1. 编制程序 prog1.prg，根据半径计算圆的面积和周长，半径从键盘输入。

【提示】通过 INPUT 语句输入圆的半径。

2. 创建程序prog2.prg，功能为在屏幕上以"2008 年 4 月 11 日"的格式显示系统当前日期。

【提示】参考例 7.4 中 STR 的用法。

3. 在 student 表和 score 表间建立关联，显示 student 表中第 4 条记录的学生姓名、学号、成绩。

【提示】可以采用 SET RELATION TO 命令在两个表之间创建临时关联。

实验 7.2　程序基本结构的应用

一、实验目的

① 掌握选择结构程序的设计方法。

② 掌握循环结构程序的设计方法。

③ 掌握 3 种基本程序结构的综合编程方法。

二、实验内容

【例 7.5】编程实现如下功能，从键盘输入待查询的学生姓名，在 student 表中查询该学生，如果找到则显示该学生记录的姓名、学号、出生日期信息，若没找到则显示"查无此人！"。

〖操作过程〗

① 新建一个程序，在程序编辑窗口中输入下述程序代码：

```
USE STUDENT IN 0
SELECT STUDENT
ACCEPT "请输入待查询的学生姓名：" TO xm
LOCATE FOR 姓名=xm
IF FOUND()
    ?"姓名："+姓名
    ??"  学号："+学号
    ??"  出生日期：" + DTOC(出生日期)
ELSE
    ?"查无此人！"
ENDIF
USE
```

② 以 test7_5.prg 为文件名保存程序文件，运行程序。

运行时如果输入"徐杰"，则输出以下结果：

姓名：徐杰　学号：201006205102　出生日期：02/03/89

如果输入"张三"，则输出结果为：查无此人！。

〖思考〗

① 如果对 student 表已经按照"姓名"字段建立了索引，则可以如何查询？

② 如果要查询与输入的姓名相同的所有学生，该如何修改程序？

【例 7.6】个人所得税的缴纳办法如下表所示（含税级距是扣除 3500 元之后的金额），编制程序，要求在输入了月收入后，能计算和显示应缴纳的税款。应纳个人所得税税额=(月收入−3500)×适用税率−速算扣除数。

级 数	含 税 级 距	税率(%)	应缴税速算公式
1	不超过 1500 元的	3	(月收入−3500)×0.03
2	超过 1500 元至 4500 元的部分	10	(月收入−3500)×0.1−105
3	超过 4,500 元至 9,000 元的部分	20	(月收入−3500)×0.2−555
4	超过 9,000 元至 35,000 元的部分	25	(月收入−3500)×0.25−1005
5	超过 35,000 元至 55,000 元的部分	30	(月收入−3500)×0.3−2755
6	超过 55,000 元至 80,000 元的部分	35	(月收入−3500)×0.35−5505
7	超过 80,000 元的部分	45	(月收入−3500)×0.45−13505

〖分析〗本程序中要判断月收入的等级，而等级存在多种情况，即多种情况分支，所以该程序最好选择多情况分支语句 DO CASE。

〖操作过程〗

① 新建一个程序，在程序编辑窗口中输入下述程序代码：

```
CLEAR
INPUT "请输入月收入：" TO sr
DO CASE
CASE sr < 0
    ?"您输入的月收入不合理！"
CASE sr <=3500
    ?"不交税"
CASE sr<=5000
    ? "应交税：", (sr-3500)*0.03
CASE sr<=8000
    ? "应交税：", (sr-3500)*0.1-105
CASE sr<=12500
    ? "应交税：", (sr-3500)*0.2-555
CASE sr<=38500
    ? "应交税：", (sr-3500)*0.25-1005
CASE sr<=58500
    ? "应交税：", (sr-3500)*0.3-2755
CASE sr<=83500
    ? "应交税：", (sr-3500)*0.35-5505
OTHERWISE
    ? "应交税：", (sr-3500)*0.45-13505
ENDCASE
```

② 以 test7_6.prg 为文件名保存程序文件，运行程序。

〖思考〗采用 IF 语句的嵌套结构是否可以实现本程序的要求？如何实现？

【例 7.7】在 student 表中查询所有籍贯是山东或河南的学生记录，并逐条显示出每个学生的信息。

〖分析〗该程序要进行查询，应该选择分支结构 IF 语句；另外，程序要求查询出所有满足条件的记录，而每条记录的处理方式相同，所以可以使用循环结构完成。本程序对数据表进行处理，所以一般应采用 DO WHILE 循环结构或采用 SCAN 结构。

〖操作过程〗

① 新建一个程序，在程序编辑窗口中输入下述程序代码：

```
SET TALK OFF
CLEAR
USE student
LOCATE FOR "山东" $ 籍贯 OR "河南" $ 籍贯
DO WHILE NOT EOF()
    DISPLAY
    WAIT
```

```
        CONTINUE
    ENDDO
    USE
    SET TALK ON
```

② 以 test7_7.prg 为文件名保存程序文件，运行程序。

程序运行结果如图 7.4 所示。

记录号	学号		姓名		性别	籍贯		出生日期	专业		党员否		入学成绩	简历	照片
1	201006205102		徐杰		男	山东		02/03/89	计算机应用		.T.		532.0	memo	gen

按任意键继续…

记录号	学号		姓名		性别	籍贯		出生日期	专业		党员否		入学成绩	简历	照片
3	201003105103		汪飞		男	河南		04/06/88	工商管理		.F.		543.0	memo	gen

按任意键继续…

记录号	学号		姓名		性别	籍贯		出生日期	专业		党员否		入学成绩	简历	照片
4	201006205103		文馨		女	山东		09/07/89	计算机应用		.T.		568.0	memo	gen

按任意键继续…

记录号	学号		姓名		性别	籍贯		出生日期	专业		党员否		入学成绩	简历	照片
12	201006205101		赵海洋		男	山东		08/25/90	计算机应用		.T.		511.0	memo	gen

按任意键继续…

图 7.4 查询结果

〖思考〗采用 SCAN 循环结构应如何编制程序？是否可以采用 FOR 循环完成本程序？

【例 7.8】斐波那契数列的第 1、2 个数是 1，1，第 3 个数是前两个数之和，以后的每个数都是它前面两个数之和。编制程序，输出斐波那契数列的第 30 个数。

〖分析〗斐波那契数列中从第 3 个数起，任何一个数的值都与它前面的两个数有关，即 $f_3 = f_2 + f_1$，$f_4 = f_3 + f_2$……可以依次计算出数列中从第 3 项起的每一项，其规律就是 $f_n = f_{n-1} + f_{n-2}$。

〖操作过程〗

① 新建一个程序，在程序编辑窗口中输入下述程序代码：

```
    CLEAR
    SET TALK OFF
    f1=1
    f2=1
    n = 30
    FOR i = 3 TO 30
        f3 = f1 + f2
        f1=f2
        f2=f3
    ENDFOR
    ?"数列中第30项的值为：", f3
    SET TALK ON
```

② 以 test7_8.prg 为文件名保存程序文件，运行程序。

最终的输出结果为：

数列中第 30 项的值为：832040

〖思考〗如果采用 DO WHILE 循环结构，应该如何修改本题的程序？

【例 7.9】在 student 表中增加一个 "平均成绩[N(6，2)]" 字段，然后根据 score 表统计出每个学生选课的平均成绩，并输入到 student 表中新添加的字段里。

〖分析〗增加字段可以采用修改表结构的 ALTER 命令完成；对每一个学生计算平均成绩要用到循环结构。

〖操作过程〗

① 新建一个程序，在程序编辑窗口中输入下述程序代码：

```
CLEAR
OPEN DATABASE 学生信息管理
USE score IN 0
USE student IN 0
ALTER TABLE student ADD 平均成绩 N(6, 2)
SELECT student
DO WHILE NOT EOF()
    SELECT AVG(总成绩) AS pjcj FROM score WHERE 学号 = student.学号;
        INTO CURSOR temp
    IF NOT EOF()
        SELE student
        REPLACE 平均成绩 WITH temp.pjcj
    ENDIF
    SELE student
    SKIP
ENDDO
CLOSE DATABASE
```

② 以 test7_9.prg 为文件名保存程序文件，运行程序。

③ 打开 student 表的浏览窗口，观察程序运行结果。

【例 7.10】编制程序，建立并输出一个 10×10 矩阵，该矩阵两条对角线的元素为 1，其余元素均为 0。

〖分析〗

① 由于矩阵由行、列组成，每一个元素需要两个下标表示其位置，所以应该使用二维数组表示矩阵；另外，主对角线上的元素下标相等，次对角线上的元素下标存在如下关系：行标=11-列标。

② 处理数组元素时可以采用 FOR 循环，对二维数组可以采用两层 FOR 循环。

〖操作过程〗

① 新建一个程序，在程序编辑窗口中输入下述程序代码：

```
CLEAR
DECLARE s(10,10)
FOR n = 1 TO 10
    FOR m = 1 TO 10
        IF n = m OR n = 11 - m
```

```
        s(n,m)=1
    ELSE
        s(n,m)=0
    ENDIF
  ENDFOR
ENDFOR
FOR n=1 TO 10
  FOR m=1 TO 10
    ?? s(n,m)
  ENDFOR
  ?
ENDFOR
```

② 以 test7_10.prg 为文件名保存程序文件，运行程序。

运行程序后，在屏幕显示如下结果：

```
1 0 0 0 0 0 0 0 0 1
0 1 0 0 0 0 0 0 1 0
0 0 1 0 0 0 0 1 0 0
0 0 0 1 0 0 1 0 0 0
0 0 0 0 1 1 0 0 0 0
0 0 0 0 1 1 0 0 0 0
0 0 0 1 0 0 1 0 0 0
0 0 1 0 0 0 0 1 0 0
0 1 0 0 0 0 0 0 1 0
1 0 0 0 0 0 0 0 0 1
```

〖思考〗如果采用 DO WHILE 循环结构，应该如何修改本题的程序？

三、实验练习

1. 创建程序 prog3.prg，求解鸡兔同笼问题。

【提示】通过输入语句输入笼中头的数量和脚的数量

【思考】什么情况下该输出鸡的数量和兔子的数量？

2. 编写程序 prog4.prg，利用 sp.dbf 表查找指定单价的商品的信息。sp.dbf 表的记录如图 7.5 所示。

商品代码	商品名称	单价	生产日期	进口否	商品外形	备注
S1	笔记本电脑	9380.00	08/12/06	T	gen	memo
S2	彩色激光打印机碳粉	52.00	07/23/06	F	gen	memo
S3	POS机色带	1.50	07/03/06	F	gen	memo
S4	笔记本电脑内存条	320.00	04/15/06	F	gen	memo
S5	液晶电脑一体机	3288.00	06/19/06	T	gen	memo
S6	指纹优盘	845.00	09/10/06	F	gen	memo
S7	MP3手表	228.00	05/28/06	F	gen	memo
S8	GPS车载电脑	5850.00	08/20/06	F	gen	memo
S9	15寸液晶电脑	1780.00	07/24/06	F	gen	memo

图 7.5　sp.dbf 表的记录

【提示】通过输入语句输入单价，利用 LOCATE 或 SELECT 命令查找相应商品的信息

3. 编写程序 prog5.prg，随机产生两个位于区间[0，50]的整数，显示出其大小关系，如 35>16。

【提示】利用 RAND()函数可随机产生(0，1)区间的小数，并选择合适的分支结构判断两个数的大小关系

4. 编写程序 prog6.prg，计算 100 以内的偶数和。

【提示】选择合适的循环结构

5. 编写程序 prog7.prg，统计 student 表中平均成绩为不同等级的学生人数，并输出各等级的统计结果。90～100(含 90)分为优秀，80～90(含 80)分为良好、70～80(含 70)分为中等、60～70(含 60)分为及格、60 分以下为不及格。

【提示】

① 采用 DO—WHILE 和 SCAN—ENDSCAN 两种循环结构和 DO CASE 多情况分支语句完成。

② "平均成绩"字段是例 7.9 中新增加的字段。

6. 编写程序 prog8.prg，求前 10 个数的阶乘和。

7. (思考题)编写程序，产生 10 个随机数，并将 10 个数由大到小排序显示。

【提示】嵌套使用 FOR 循环。

实验 7.3　定义和调用过程及参数传递

一、实验目的

① 掌握过程的含义及定义过程的方法。
② 掌握调用过程及在过程间传递参数的方法。
③ 掌握参数的类别及变量的作用域。

二、实验内容

【例 7.11】设计一个程序计，算 n 个数的阶乘之和(1!+2!+…+n!)，用子过程计算 n!。

〖分析〗

① 定义一个子过程计算 n!，采用"过程名(实参)"的方法调用子过程。
② 在主程序中通过循环结构计算各个阶乘之和。

〖操作过程〗

① 新建一个程序，在程序编辑窗口中输入下述程序代码：

```
SET TALK OFF
CLEAR
INPUT "请输入要计算的 N 的值： " TO n
s=0
FOR i = 1 TO n
```

```
        s = s + fac(i)
    NEXT
    ? "1!到" + ALLTRIM(STR(n))+"!之和为" + STR(s)
    SET TALK ON

    * 子过程代码
    PROCEDURE fac
        PARAMETER m
        t = 1
        FOR j = 1 TO m
          t = t * j
        NEXT
        RETURN t
    ENDPROC
```

② 以 test7_11.prg 为文件名保存程序文件，运行程序。

如果运行程序时输入的 n 值为 6，则最后显示的结果为：1!到 6!之和为 873。

【例 7.12】从键盘上任意输入两个数分别保存到两个变量中，通过子过程交换两个变量的值。

〖分析〗通过过程调用完成两个数据的交换，必须定义一个子过程，同时，应该注意传送参数的方式，即采用按引用方式传递参数，才可以将交换的结果传送回主程序。

〖操作过程〗

① 新建一个程序，在程序编辑窗口中输入下述程序代码：

```
    CLEAR
    INPUT "请输入 a 的值：" TO a
    INPUT "请输入 b 的值：" TO b
    ?"交换前的内容：", "a=", a
    ??" b=", b
    DO swap WITH a, b
    ? "交换后的内容：", "a=", a
    ??" b=", b

    *交换子过程代码
    PROCEDURE swap
        PARAMETER m, n
        c=m
        m=n
        n=c
    ENDPROC
```

② 以 test7_12.prg 为文件名保存程序文件，运行程序。

如果运行时输入 20，30，则运行后的输出结果为：

交换前的内容：a=20　b=30
交换后的内容：a=30　b=20

〖思考〗

程序中是按引用方式传递参数的，如果把调用子过程的语句改为如下格式：

    DO swap WITH（a),b

则主程序中的输出结果是什么？

【例 7.13】利用子过程计算 student 表中每个学生选修的课程的平均成绩，student 表中的"平均成绩"字段是本章例 7.9 创建的字段。

〖分析〗要计算某个学生的平均成绩，需要在主程序中将指针指向 student 表中的该记录；再通过子过程调用，将该记录的学号传送到子过程中，在子过程中在 score 表中查询满足条件的记录，并计算其平均成绩，将平均成绩返回主程序。另外，本题中 student 表和 score 表间有关联，所以应该打开包含两个表的"学生信息管理"数据库文件。

〖操作过程〗

① 新建一个程序，在程序编辑窗口中输入下述程序代码：

```
SET TALK OFF
CLEAR
OPEN DATABASE 学生信息管理
USE student IN 0
USE score IN 0
pjcj=0
SELECT student
DO WHILE NOT EOF()
    xh = student.学号
    DO sub1 WITH xh, pjcj
    REPLACE student.平均成绩 WITH pjcj
    SKIP
ENDDO
CLOSE DATABASE

*子过程 sub1
PROCEDURE sub1
    PARAMETER xh1, cj1
    SELECT score
    cj1=0
    s=0
    SCAN FOR score.学号 = xh1
        cj1 = cj1 + score.总成绩
        s = s + 1
    ENDSCAN
```

```
        IF  s<>0
            cj1  =  cj1/s
        ENDIF
        SELECT  student
    ENDPROC
```

② 以 test7_13.prg 为文件名保存程序文件，运行程序。

③ 打开 student 表，查看"平均成绩"字段的内容是否正确。

〖思考〗本例题的子过程中是否可以使用 SQL 的 SELECT 语句完成相关功能？

三、实验练习

1. 用子过程方法完成如下题目：从键盘上任意输入 3 个数，按由小到大的顺序对这 3 个数排序，并将排序结果显示在屏幕上。

2. 编程分别统计 student 表中男生和女生的人数，统计人数的功能通过调用子过程完成。

第 8 章 表 单

1. 对象和类

① 类：具有相同属性和方法的一组个体的抽象，它是描述一个特定对象类型必备特征的模型，是建立对象时使用的模板。

② 对象：类的实例，是具有类所确定的属性和方法的实体。所有对象的属性、事件和方法都在类中定义。

2. 对象的属性、事件、方法和引用

① 属性：每个对象都有属性，属性也可理解为对象的特征。在 Visual FoxPro 中创建的对象所包含的属性由对象所基于的类决定，在具体设计时可以修改。对象中的每个属性都具有一定的含义。对象的属性可在设计时设定，也可在程序运行中设定。

② 事件：事件是一种预先定义好的特定动作，由用户或系统激活，并可以通过事件对应的程序代码完成某些操作。在一般情况下，事件是通过用户的交互操作产生的，而且对象可以对事件的动作进行识别和响应。在 Visual FoxPro 中，可以激发事件的用户动作包括单击鼠标、移动鼠标和按键等。

③ 方法：方法是与对象相关联的过程，但又不同于一般的 Visual FoxPro 过程。对象的一个方法可以理解为它的一个功能，方法程序紧密地和对象连接在一起，与一般 Visual FoxPro 过程的调用方式有所不同。

事件与方法的区别主要是事件集合范围很广，但却是固定的，用户不能创建新的事件，然而方法程序集合却可以无限扩展。

④ 引用：通过对象名来引用对象，对象名由对象的 NAME 属性指定，对象的引用有绝对引用和相对引用两种方式。

绝对引用：是从包含该对象的最外面的容器名开始，一层一层地进行。

相对引用：是从当前位置开始。相对引用中的关键字及意义如下：

❖ Parent：当前对象的直接容器对象。

❖ This：当前操作的对象。

❖ ThisForm：当前对象所在的表单。

❖ ThisFormSet：当前对象所在的表单集。

3. Visual FoxPro 的类

Visual FoxPro 提供了一些固定的基类，编程者可以直接使用它们创建对象。编程者也可以根据自己的需要创建新的类，称为自定义类，然后用自定义类创建对象。

① 基类：Visual FoxPro 的基类分为 2 种：控件类和容器类。控件类对象是一个独立的部件，容器类对象可以再包含其他对象。

② 自定义类：与函数类似，除系统定义的类之外，用户可以根据需要创建自定义类。通过自定义类可以快速构造出用户所需的有某些固定性质的对象，从而减少重复操作。

③ 类设计器

通过 Visual FoxPro 提供的类设计器，用户可以通过可视化的方法创建和修改自定义类。

④ 容器和控件

Visual FoxPro 中的类有控件类和容器类两种，它们分别生成容器对象和控件对象。

❖ 控件：可以用图形化方式显示并能与用户进行交互的对象，如文本框、命令按钮、复选框、页框等。

❖ 容器：可以包含其他控件或容器的特殊控件，如表单、页框、表格等。

4. 表单的创建与运行

① 表单相当于 Windows 应用程序窗口，表单中可以包含若干控件对象，它向用户提供一个人机交互的操作界面。要注意的是，表单本身也是一个对象。

② 创建表单：有三种创建表单的方法，利用表单向导创建数据来源为单表的表单或多表表单；利用表单设计器(也称为窗体设计器)创建表单；用命令方式创建表单。命令语句：

【格式】CREATE FORM [<表单文件名>|？]

【注意】

❖ 采用向导方式创建的表单也可以用表单设计器进行修改。

❖ 表单文件的扩展名为.scx。

③ 打开或修改表单：使用菜单和命令语句。命令语句：

【格式】MODIFY FORM [<表单文件名|？>])

④ 运行表单：可以通过 3 种方法运行表单，使用菜单命令，使用工具栏按钮 **!** ，使用命令语句。命令语句：

【格式】DO FORM <表单文件名>

5. 表单的常用属性、事件和方法

① 常用属性：Name，Caption，Backcolor，BorderStyle，Enabled，MaxButton，MinButton，Movable 等。

② 常用事件：Init，Load，Unload，Destroy，GotFocus，Click，DblClick，RightClick，Activate，Move 等。

要注意表单中各种事件的发生顺序。

❖ Load 事件和 Init 事件顺序，先执行 Load 事件装载表单，再执行 Init 事件初始化表单。

❖ Destroy 事件和 Unload 事件顺序，先执行 Destroy 事件，再执行 Unload 事件。

❖ 表单的 Init 事件和表单上控件对象的 Init 事件顺序，先执行控件的 Init 事件再执行表单的 Init 事件。

❖ 表单的 Destroy 事件和表单上控件对象的 Destroy 事件顺序，先执行表单的 Destroy

事件再执行控件的 Destroy 事件。

③ 常用方法：Release，Refresh，Show，SetFocus，GotFocus，Hide 等。要注意 SetFocus 和 GotFocus 方法的区别。

④ 表单中控件对象的添加及布局：在表单控件工具箱中选择相应的控件按钮后单击表单，再在所需位置拖动鼠标就可以将其添加到表单界面上，选定控件后可以设置控件的大小以及外观属性等。利用"布局"工具栏中的按钮，可以调整各控件的对齐方式和大小，从而调整控件的布局。通过执行"显示"→"Tab 键次序"菜单命令，可以设置表单界面上的各控件获得焦点的次序。

⑤ 表单的数据环境：数据环境是表单的一个对象，它包含与表单相关的表、视图和表之间的关系。

数据环境对于在表单上显示数据表信息来说是一个十分有用的工具，可以通过数据环境很方便地在表单上添加显示数据表或视图信息的控件，大大方便了表单的设计。

数据环境的常用属性：AutoOpenTables 和 AutoCloseTables，它们的默认值为逻辑真值(.T.)。

可以在数据环境中添加数据表或视图，也可以从数据环境中移去数据表或视图。另外，在数据环境中还可以创建表之间的关联关系。

【注意】如果数据库中已经创建过数据表之间的关联关系，则将数据表添加到数据环境时也会自动添加它们之间的联系。

6. 常用控件

① 标签(Label)：主要用于显示提示信息。运行时标签不能获得焦点。

② 文本框(TextBox)：用于输入和输出数据，如可以用来输入和显示内存变量、数组元素以及非备注型字段的内容。文本框控件的特有属性有 ControlSource、PasswordChar、InputMask、SelStart、SelLength、SelText 等。

③ 编辑框(EditBox)：与文本框控件的用法基本相同，主要区别在于在编辑框中编辑的文本可以自动换行，可以编辑备注型字段的内容，在编辑框中不能使用 PasswordChar、InputMask 属性。

④ 命令按钮(CommandButton)：主要是用来执行某个事件代码以完成特定的功能。有两个特殊的属性：Default 和 Cancel，可以将命令按钮设置为默认的"确认"按钮和"取消"按钮。命令按钮的主要事件是 Click 事件。

⑤ 命令按钮组(CommandGroup)：命令按钮的组合。特有的属性：ButtonCount、Buttons。

⑥ 复选框(Check)：用于标记一个只有两种值的数据信息，只有真和假两种状态。可以通过 ControlSource 属性将复选框控件与数据表中只有两种状态值的字段(如性别等)绑定在一起。注意 Value 属性的值，选中时为真(.T.)或 1，没选中时为假(.F.)或 0。

⑦ 选项按钮组(OptionGroup)：选项按钮组中包含多个单选项按钮，可以从中选择一个且只能选一个，选中的按钮前会显示一个圆点。

【注意】要设置命令按钮组和选项按钮组各按钮的属性，必须先进入它们的编辑状态。

⑧ 计时器(Timer)：可以完成计时控制，它能够有规律地以一定的时间间隔激发时钟事件从而执行相应的程序代码。主要属性：Interval，用来设置计时的时间间隔；Enabled，用来设置计时器是否可用。主要事件是 Timer，当达到 Interval 属性规定的时间间隔时，就会触发计时器的 Timer 事件。

⑨ 列表框(ListBox)：以列表的方式列出多项内容，并可以从中选择一项或多项。列表框最主要的特点就是只能从中选择某一项，不能直接修改或输入其中的内容。列表框的主要属性：List、ListCount、ListIndex、Selected 等。列表框控件有两个特有的方法：AddItem 用于向列表框中添加列表项，RemoveItem 用来删除列表框中的列表项。

⑩ 组合框(ComboBox)：相当于文本框和列表框组合而成的控件，组合框控件有 3 种样式：下拉式组合框、简单组合框和下拉式列表框，可以通过 Style 属性设置它的样式。其他属性同列表框的属性。

【注意】列表框和组合框都有 RowSourceType 和 RowSource 属性，可以用它们设置列表框和组合框中显示的数据源类型和数据源。

⑪ 表格(Grid)：同时显示多条记录信息的控件。表格中包含多列，每列都可以设置其列标题和显示的内容。要通过 RecordSourceType 和 RecordSource 属性设置表格中显示的内容。

⑫ 页框(PageFrame)：可以包含多页的容器对象控件，每一页上又可以包含所需要的控件。

【注意】要设置每页的布局必须先进入页框控件的编辑状态。

实验 8.1　用类设计器创建类

一、实验目的

① 认识类、对象、事件和方法。
② 熟练掌握类设计器的使用。
③ 掌握自定义类的使用。

二、实验内容

【例 8.1】通过类设计器设计一个表单类，表单背景为蓝色；表单中有一个命令按钮，按钮标题为"退出"，单击命令按钮时触发 Click 事件，释放表单。

〖操作过程〗

① 在命令窗口中输入并执行设置默认工作目录的命令，如 SET DEFAULT TO d:\vfp。

② 启动类设计器，设置自定义子类：

❖ 执行"文件"→"新建"菜单命令，在打开的"新建"对话框中选择"类"单选项，单击"新建"按钮。在弹出的"新建类"对话框中进行设置，如图 8.1 所示。

❖ 单击"确定"按钮，打开类设计器。如图 8.2 所示。

③ 设置属性。

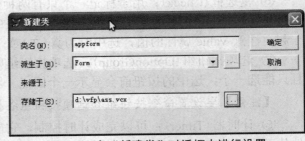

图 8.1　在"新建类"对话框中进行设置

❖ 单击"表单控件"工具栏中的命令按钮控件后，在表单适当位置单击，添加一个命令按钮对象。

❖ 单击表单空白处，在属性窗口将 BackColor 属性的值设置为"0, 0, 255"。

❖ 在表单中选择命令按钮，在属性窗口将 Caption 的值设置为"退出"。结果如图 8.3 所示。

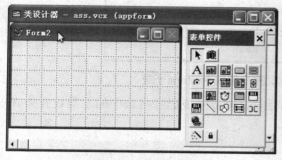

图 8.2 "类设计器"窗口

图 8.3 appform 设计结果

④ 编写命令按钮的 Click 事件代码：双击命令按钮，在打开的代码编辑窗口输入下述代码。

```
yes = MESSAGEBOX("你真的要退出系统吗?" , 4 + 16 + 0, "对话窗口")
IF  yes  = 6
    RELEASE  Thisform
ENDIF
```

⑤ 关闭类设计器，新的表单类就建立好了。

【例 8.2】 利用例 8.1 设计好的表单类创建表单对象，运行所创建的表单。

〖操作过程〗

① 将自己设计的表单子类作为设置表单的模板：

❖ 执行"工具"→"选项"菜单命令，打开图 8.4 所示的"选项"对话框，在"表单"选项卡中选中"表单"复选框。

❖ 系统弹出图 8.5 所示的"表单模板"对话框。先在左面列表框内选中 ass.vcx 类库文件，然后在右面列表框选中 appform 作为欲形成表单对象模板的 Form 子类。

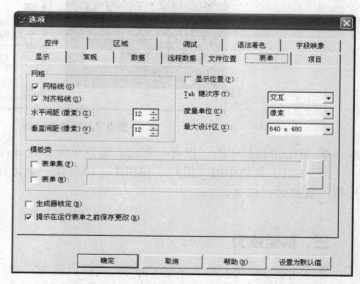

图 8.4 "选项"对话框的"表单"选项卡

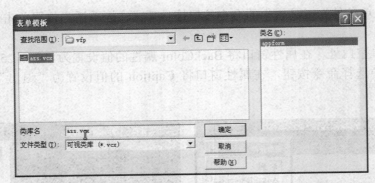

图 8.5 在"表单模板"对话框中选择 appform 子类

❖ 单击"确定"按钮后返回到"选项"对话框，可以发现已经将选中的子类设置为表单（Form）的模板，如图 8.6 所示。

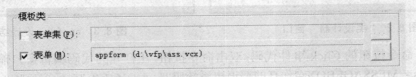

图 8.6 将自定义子类设置为表单的模板

② 打开窗体设计器，设计表单：

❖ 执行"文件"→"新建"菜单命令，在"新建"对话框中选择"表单"项。单击"新建文件"按钮，出现图 8.7 所示的窗体设计器。

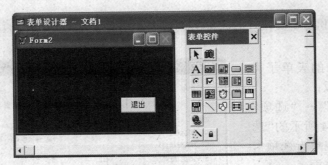

图 8.7 窗体设计器

❖ 单击工具栏中的"保存"按钮，将表单保存为 myform.scx 文件。

③ 单击工具栏中的"运行"按钮 ❗，将出现一个运行界面，在运行界面上单击"退出"按钮，观察运行结果。

三、实验练习

修改 appform 类，将表单的 Caption 属性设置为"欢迎光临"，将表单的背景色设置为灰色。观察使用该子类生成的表单对象是否同时发生变化。

实验 8.2　表单中简单控件的设计与应用

一、实验目的

① 掌握简单控件的设计方法。
② 掌握简单控件的属性、事件和方法。

二、实验内容

【例 8.3】建立如图 8.8 所示的表单，使用该表单，可以通过文本框向编辑框中输入值。具体要求为：表单运行后，在文本框中输入数据，单击"添加"按钮，将文本框中的数据添加到编辑框中的下一行，并清空文本框，将焦点移到文本框中，可以再次添加。

〖操作过程〗

① 创建表单并在表单上添加 Label1 标签、Text1 文本框、Command1 命令按钮和 Edit1 编辑框。

② 按表 8.1 所示，设置各控件的属性。

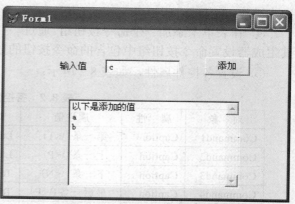

图 8.8　输入文本并添加到编辑框中

表 8.1　各控件的属性值

对　象	属　性	属性值
Label1	Caption	输入值
Text1	MaxLength	12
Command1	Caption	添加
Edit1	Value	以下是添加的值

③ 打开代码编辑窗口，编写 Command1 的 Click 事件代码：

```
vEdit1=THISFORM.Edit1.Value
vText1=ALLTRIM(THISFORM.Text1.Value)
THISFORM.Edit1.Value=vEdit1+CHR(13)+vText1
THISFORM.Text1.Value=""              &&清空文本框
THISFORM.Text1.SetFocus              &&文本框得到焦点
```

④ 以 test8_3.scx 为名保存并运行表单文件。

【例 8.4】设计一个如图 8.9 所示的表单，该表单可以浏览 Score 表中的信息。当单击相应的命令按钮时，作用依次是：将记录指针指到第一条记录；将记录指针指到上一条记录；将记录指针指到下一条记录；将记录指针指到最后一条记录；关闭表单。

〖分析〗在该表单界面上要显示数据表中的记录信息，因此应在数据环境中添加所需的数据表文件；要完成记录的浏览显示操作，必须调用表单的 Refresh 方法；另外，最好将多个命令按钮定义成命令按钮组。

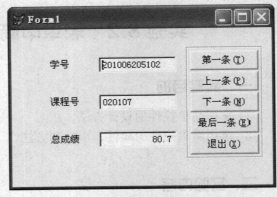

〖操作过程〗

① 新建一个表单。

② 向数据环境添加 Score.dbf 数据表。

③ 在表单上添加 3 个标签、3 个文本框。可通过数据环境，拖动表中的字段到表单中完成操作。

图 8.9　查询成绩的表单界面

④ 在表单上添加一个命令按钮组。通过其生成器设置命令按钮组中包含的命令按钮的数量及每个命令按钮的标题。

⑤ 设置各控件属性，如表 8.2 所示：

表 8.2　各控件的属性值

对　象	属　性	属性值	对　象	属　性	属性值
Command1	Caption	第一条 (\<T)	Label2	Caption	课程号
Command2	Caption	上一条 (\<P)	Label3	Caption	总成绩
Command3	Caption	下一条 (\<N)	Text1	ControlSource	Score.学号
Command4	Caption	最后一条 (\<E)	Text2	ControlSource	Score.课程号
Command5	Caption	退出 (\<X)	Text3	ControlSource	Score.总评成绩
Label1	Caption	学号			

⑥ 编写命令按钮组的程序代码：

在表单界面上双击，进入代码编辑器窗口，在对象框选择 Commandgroup1 对象，编写其 Click 事件程序代码，代码如下。

```
DO CASE
    CASE THISFORM.CommandGroup1.Value=1
        &&可直接用相对引用 THIS.Value 代替 THISFORM.CommandGroup1.Value
        GO TOP
        THISFORM.Refresh
    CASE THISFORM.CommandGroup1.Value=2
        SKIP -1
        IF BOF()
            GO TOP
        ENDIF
        THISFORM.Refresh
    CASE THISFORM.CommandGroup1.Value=3
        SKIP 1
        IF EOF()
```

```
        GO BOTTOM
    ENDIF
    THISFORM.Refresh
CASE THISFORM.CommandGroup1.Value=4
    GO BOTTOM
    THISFORM.Refresh
CASE THISFORM.CommandGroup1.Value=5
    THISFORM.RELEASE
ENDCASE
```

⑦ 以 test8_4.scx 为名保存并运行表单文件。

【例 8.5】设计一个能实现倒计时功能的表单。表单界面如图 8.10 所示。

〖分析〗使用计时器控件能够完成计时操作。

〖操作过程〗

① 创建表单界面并在表单上添加 Label1 标签、Text1 文本框和 Command1 命令按钮。

② 按表 8.3 所示，设置各控件的属性。

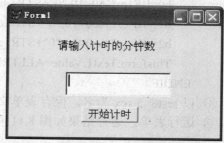

图 8.10　完成倒计时功能的表单界面

表 8.3　各控件的属性值

对　象	属　性	属性值	说　明
Label1	Caption	请输入计时的分钟数	
	Fontsize	12	
Text1	Fontsize	12	
Command1	Caption	开始计时	
	Fontsize	12	
Timer1	Enabled	.F.	初始状态下计时器控件不可用
	Interval	1000	计时器控件的时间间隔

③ 编写各控件事件程序代码。

Command1 命令按钮的 Click 事件程序代码如下：

```
Thisform.Timer1.Enabled=.T.
a=VAL(Thisform.Text1.Value)
Thisform.Timer1.Tag=ALLTRIM(STR(a*60))
Thisform.Label1.Caption="现在开始倒计时"
Thisform.Text1.Alignment=2
This.Enabled=.F.
```

Timer1 计时器控件的 Timer 事件程序代码如下：

```
m=VAL(This.Tag)-1
This.Tag=ALLTRIM(STR(m))
```

```
IF  m<0
    Thisform.Timer1.Enabled=.F.
    MESSAGEBOX("预定时间到了！",0,"倒计时")
    Thisform.Label1.Caption="请重新输入计时的分钟数："
    Thisform.Text1.Value=0
    Thisform.Command1.Enabled=.T.
    Thisform.Text1.Alignment=0
ELSE
    a1=INT(m/60)
    a2=INT(a1/60)
    b0=IIF(m%60<10,"0"+STR(m%60,1),STR(m%60,2))
    b1=IIF(a1%60<10,"0"+STR(a1%60,1),STR(a1%60,2))
    b2=IIF(a2%60<10,"0"+STR(a2%60,1),STR(a2%60,2))
    Thisform.Text1.Value=ALLTRIM(b2+":"+b1+":"+b0)
ENDIF
```

④ 以 test8_5.scx 为名，保存表单文件。

⑤ 运行表单，运行结果如图 8.11 和图 8.12 所示。

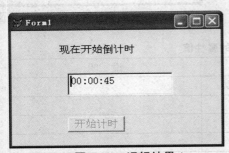

图 8.11　运行结果 1

图 8.12　运行结果 2

三、实验练习

1. 创建如图 8.13 所示的表单，要求：单击"交换"按钮时，"酱油"和"醋"发生位置的交换，包括其背景色和字体颜色。

2. 创建如图 8.14 所示的表单，要求：

① 当给出半径时，单击"计算"按钮时，求出圆的面积；

② 当给出半径时，按回车键就可以算出面积（default 属性）；

③ 计算完毕后，焦点自动回到 Text1 里（setFocus 方法）并选中 Text1 中的内容。

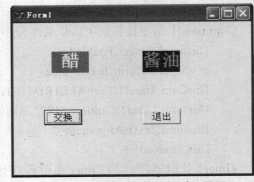

图 8.13　第 1 题表单运行时的界面

3. 设计"商品信息管理系统"的身份验证界面，要求：运行表单时，输入用户名和密码

（用户名为："管理员"，密码为："abc"）。单击"登录"按钮，将对输入的用户名和密码进行检查，如果用户名和密码正确，则显示"欢迎进入本系统！"若不正确，则显示"用户名或密码错误，登录失败！请重输。"如果输入3次都失败，则显示"输入次数超过3次，不允许登录！"如果单击"退出"按钮，将退出系统的登录。设计时要将"登录"按钮设置为默认按钮，另外，口令限制为6位数字，输入时只显示"******"。

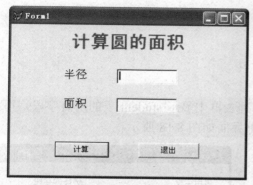

图 8.14　第 2 题表单运行时的界面

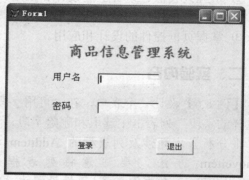

图 8.15　第 3 题表单运行时的界面

4. 设计如图 8.16 所示的简单计算器。

5. 制作如图 8.17 所示的表单，要求：单击相应按钮时，标签控件的文字发生相应变化。

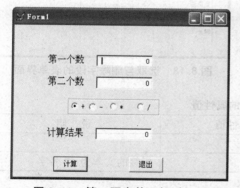

图 8.16　第 4 题表单运行时的界面

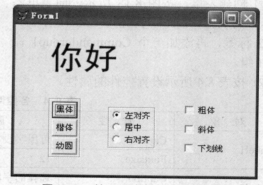

图 8.17　第 5 题表单运行时的界面

6. （等级考试题）设计一个文件名和表单名均为 myrate 的表单，表单的标题为"外汇持有情况"。表单中有一个选项组控件（命名为 myOption）和两个命令按钮"统计"（Command1）和"退出"（Command2）。其中，选项组控件有三个按钮"日元"、"美元"、"欧元"。

运行表单时，首先在选项组控件中选择"日元"、"美元"或"欧元"，单击"统计"命令按钮后，根据选项组控件的选择将持有相应外币的人的姓名和持有数量分别存入 rate_ry.dbf（日元）或 rate_my.dbf（美元）或 rate_oy.dbf（欧元）数据表中。

单击"退出"按钮时关闭表单。

表单建成后，要求运行表单，并分别统计"日元"、"美元"和"欧元"的持有数量。

实验 8.3 复杂控件的设计与应用

一、实验目的

① 掌握列表框、组合框的设计和应用。
② 掌握表格控件的设计和应用。
③ 掌握页框控件的设计和应用。

二、实验内容

〖例 8.6〗设计一个表单，在"可用字段"列表框中显示 student 表的所有字段，可以向"选择的字段"列表框中选取和删除字段，表单界面如图 8.18 所示。

〖分析〗本题涉及列表框的 Additem 和 Removeitem 方法，要注意将列表框的 RowSourceType（数据源类型）属性设置为"结构"，RowSource（数据源）属性设置为 Student 数据表。

〖操作过程〗

① 创建表单，按图 8.18 所示，向表单添加 List1 列表框、List2 列表框、Label1 标签、Label2 标签，再添加一个 Commandgroup1 命令按钮组。

② 按表 8.4 所示设置控件的属性。

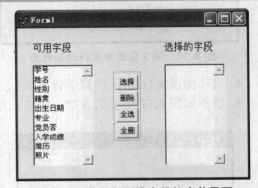

图 8.18 选取与删除字段的表单界面

表 8.4 各控件的属性值

对　象	属　性	属性值	说　明
Label1	Caption	可用字段	
	Fontsize	12	标签的文本为 12 号字
Label2	Caption	选择的字段	
	Fontsize	12	
Commanddgroup1	Fontsize	12	命令按钮上的文本为 12 号字
	ButtonCount	4	命令按钮组中按钮个数为 4
	各按钮的 Caption	选择、删除、全选、全删	
List1	RowSourceType	结构	将列表框中显示的数据源类型设置为表的结构
	RowSource	Student	在列表框中显示 stud 数据表的结构

③ 编写 Commandgroup1 命令按钮组的 Click 事件程序，程序代码如下：

```
n = This.Value
DO CASE
    CASE n=1
```

```
                Thisform.List2.Additem(Thisform.List1.Value)
                Thisform.List1.Removeitem(Thisform.List1.Listindex)
            CASE n=2
                Thisform.List1.Additem(Thisform.List2.Value)
                Thisform.List2.Removeitem(Thisform.List2.Listindex)
            CASE n=3
                DO WHILE Thisform.List1.Listcount>0
                    Thisform.List2.Additem(Thisform.List1.List(1))
                    Thisform.List1.Removeitem(1)
                ENDDO
            CASE n=4
                DO WHILE Thisform.List2.Listcount>0
                    Thisform.List1.Additem(Thisform.List2.List(1))
                    Thisform.List2.Removeitem(1)
                ENDDO
        ENDCASE
        IF Thisform.List1.Listcount=0
            This.Command1.Enabled=.F.
            This.Command3.Enabled=.F.
        ELSE
            This.Command1.Enabled=.T.
            This.Command3.Enabled=.T.
        ENDIF
        IF thisform.list2.Listcount=0
            This.Command2.Enabled=.F.
            This.Command4.Enabled=.F.
        ELSE
            This.Command2.Enabled=.T.
            This.Command4.Enabled=.T.
        ENDIF
```

④ 以 test8_6.scx 为名保存表单文件。运行表单，观察效果。

〖思考〗如果对列表框可以进行多项选择，那么应该怎样修改程序？（注意设置列表框的 Multiselect 属性。）

【例 8.7】设计一个表单，查询 student 表中某籍贯的学生记录信息，通过组合框选择籍贯，将查询到的结果显示在表格中，表单界面如图 8.19 所示。

〖分析〗完成本题的关键是设置组合框的数据源类型和数据源；另外，为了将查询结果显示在表格中，还需要设置表格的数据源类型和数据源。

〖操作过程〗

① 创建表单，设置数据环境：打开表单设计器，在表单上单击鼠标右键，在弹出的快

捷菜单中执行"数据环境"命令，打开数据环境设计器，在数据环境设计器中添加 student.dbf 数据表。

② 为表单设置控件：在表单界面上设置 Combo1 组合框控件、Command1 命令按钮、Label1 和 Label2 标签。再用下述方法在表单上添加一个表格控件：进入数据环境设计器，将鼠标指针指向数据环境设计器中的 student 数据表的标题栏，按住鼠标左键拖动到表单上，将自动产生一个

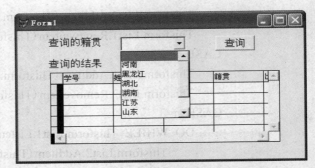

图 8.19　查询某籍贯学生记录的表单界面

与数据表有关联的表格控件，其名称为 grdStud。设置完的表单界面参见图 8.19。

③ 按表 8.5 所示，设置各个控件的属性。

表 8.5　各控件的属性值

对　象	属　性	属性值	说　明
Label1	Caption	查询的籍贯	
	Fontsize	12	标签的文本为 12 号字
Label2	Caption	查询的结果	
	Fontsize	12	
Command1	Fontsize	12	命令按钮上的文本为 12 号字
	Caption	查询	
Combo1	RowSourceType	数组	组合框中显示的数据源类型为数组
	RowSource	aa	aa 为一个全局变量数组，存放数据表中的籍贯名称

④ 编写事件程序代码。

❖ 表单的 Init 事件程序代码：

```
PUBLIC aa(30)              && 定义 aa 为全局数组，可以将值传送到组合框中
SELECT DISTINCT 籍贯 FROM student INTO ARRAY aa
```

❖ 命令按钮 Command1 的 Click 事件程序代码：

```
a = ALLTRIM(Thisform.Combo1.Value)
SELECT * FROM student WHERE 籍贯 = '&a' INTO CURSOR temp
THISFORM.GrdStudent.RecordSourceType=1
THISFORM.GrdStudent.RecordSource="temp"
```

⑤ 以 test8_7.scx 为名保存表单文件。运行表单，观察效果。

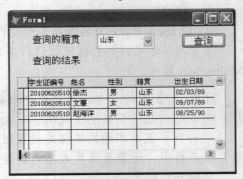

图 8.20　表单的一个运行结果

【例 8.8】设计一个包含页框控件的表单，页框中包含两页，分别用来显示"学生信息管理"数据库中的 student 表和 score 表的信息。通过改变 student 数据表的记录指针可以翻查相关联的 score 子表的记录信息。

〖分析〗本题设计的关键是事先要设置好数据库中 student 表和 score 表的关联关系。

〖操作过程〗

① 设计表单界面。

❖ 先在数据环境中添加数据表，一定要注意添加的顺序，先添加主表，再添加子表。

❖ 在表单界面上添加一个 pageframe1 页框控件。

② 设置控件属性。

❖ 设置页框控件的属性：在表单界面上选中页框控件，单击鼠标右键，执行快捷菜单中的"编辑"命令，进入页框控件的编辑状态，按表 8.6 所示设置属性。

表 8.6　各控件的属性值

对　象	属性	属性值	说　明
Pageframe1	pagecount	2	页框控件的页面数
	Page1.Caption	学生信息	页面 1 的标题
	Page1.Fontsize	12	页的标题文本为 12 号字
	Page2.Caption	选课信息	页面 2 的标题
	Page2.Fontsize	12	

❖ 将数据表的内容拖放到页框控件中：打开数据环境设计器，选中表单中的页框控件并进入页框控件的编辑状态，选中"学生信息"页，从数据环境设计器中将整个 student 表拖放到"学生信息"页中；用同样的方法，将整个 score 表拖放到"选课信息"页中。通过上述拖动操作已经自动完成各控件属性的设置，最后结果如图 8.21 和图 8.22 所示。

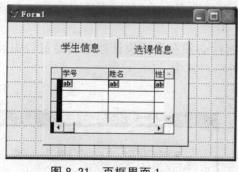

图 8.21　页框界面 1

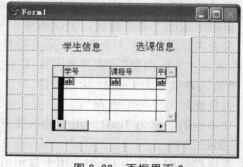

图 8.22　页框界面 2

③ 以 test8_8.scx 为名保存表单文件。运行表单，观察效果。

三、实验练习

1. (等级考试题)设计一个文件名和表单名均为 form_item 的表单，所有控件的属性必须在表单设计器的属性窗口中设置。表单的标题设为"使用零件情况统计"。表单中有一个组合框(Combo1)、一个文本框(Text1)和两个命令按钮"统计"(Command1)和" 退出"（Command2）。

运行表单时，组合框的RowSourceType的属性为"数组"，Style属性为"下拉列表框"，框中有s1、s2、s3三个条目（只有3个，不能输入新的）供选择，单击"统计"命令按钮以后，在文本框中显示出该项目所用零件的金额（某种零件的金额=单价*数量）。

单击"退出"命令按钮关闭表单。

2. 制作如图 8.23 所示的表单，要求通过微调按钮控制图片向左向右移动的速度。

3.（等级考试题）设计一个表单名和文件名均为 currency_form 的表单，所有控件的属性必须在表单设计器的属性窗口中设置。表单的标题为"外币市值情况"。表单中有两个文本框（Text1 和 Text2）、两个命令按钮"查询"（Command1）和"退出"（Command2）。

运行表单时，在 Text1 文本框中输入某人姓名，然后单击"查询"命令按钮，则在 Text2 中会显示出他所持有的全部外币相当

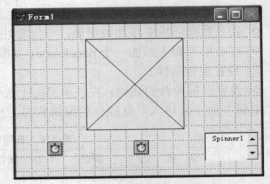

图 8.23　第 2 题表单设计界面

于人民币的价值数量。注意，某种外币相当于人民币数量的计算公式是人民币价值数量=该种外币的"现钞买入价"×该种外币的"持有数量"。

单击"退出"命令按钮关闭表单。

4.（等级考试题）设计一个名为 form2 的表单，在表单上设计一个页框，页框有"部门"和"雇员"两个选项卡，在表单的右下角有一个"退出"命令按钮。要求如下：

① 表单的标题名称为"商品销售数据输入"。

② 在"雇员"选项卡中使用表格方式显示 view1 视图中的记录（表格名称为 grdView1）。

③ 在"部门"选项卡中使用表格方式显示"部门"表中的记录（表格名称为 grd 部门）。

④ 单击"退出"命令按钮，关闭表单。

5.（等级考试题）设计一个表单，所有控件的属性必须在表单设计器的属性窗口中设置。表单文件名为"外汇浏览"。表单界面如图 8.24 所示，其中：

① "输入姓名"为 Label1 标签控件。

② 表单标题为"外汇查询"。

③ 文本框的名称为 Text1，用于输入要查询的姓名，如张三丰。

④ 表格控件的名称为 Grid1，用于显示所查询人持有的外币名称和持有数量，RecordSourceType 的属性设置为 4-SQL 说明。

⑤ "查询"命令按钮的名称为 Command1，单击该按钮时在 Grid1 表格控件中按持有数量升序显示所查询人持有的外币名称和数量。

⑥ "退出"命令按钮的名称为 Command2，单击该按钮时关闭表单。

完成以上表单设计后，运行该表单。

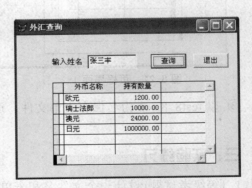

图 8.24　第 5 题表单运行界面

第9章 报 表

1. 报表的有关概念

报表是最常用的打印文档，它为总结并打印输出数据库中的数据提供了灵活的途径。设计报表是开发数据库应用程序的一个重要内容。

报表文件扩展名为.FRX。

2. 报表的两个基本组成部分

报表由数据源和布局两个基本部分组成。

数据源可以是数据库表、自由表、视图、查询形成的临时表。报表中的数据既可以是数据源中的全部记录，也可以是部分记录；既可以是数据源的全部字段，也可以是部分字段；还可以在报表中用表达式生成数据源中没有的字段。

报表布局定义了报表的打印格式。

3. 创建与使用报表一般步骤

① 确定要创建的报表类型。

② 设置报表所需的数据源。

③ 设计和修改报表文件，设置报表的布局。

④ 预览和打印报表。

4. 创建报表的方法

可以使用报表向导、快速报表、报表设计器创建报表。

① 报表向导提供一系列操作步骤，提示用户按步骤创建报表，设置报表中用到的表和字段，它能根据用户的要求，自动为用户创建多种样式的报表。

Visual FoxPro 提供两种类型的报表向导：报表向导和一对多报表向导。

② 使用快速报表可以快速创建简单规范的报表，但使用快速报表只能在单一的表或视图基础上创建报表，而且无法建立复杂的布局，对通用型字段的数据也无法显示。

③ 报表设计器具有灵活和强大的设计报表的功能。使用它不但可以从空白报表开始设计出图文并茂、美观大方的报表，还可以在用报表向导和快速报表设计的报表基础上，修改和完善报表的设计。

5. 报表包含的带区

报表包含 9 个带区：标题带区、页标头带区、细节带区、页注脚带区、总结带区、组标头带区、组注脚带区、列标头带区、列注脚带区。

基本带区包括：页标头带区、细节带区、页注脚带区。

6. 报表的数据环境

可以通过报表的数据环境设计器设置报表的数据源。报表的数据环境有以下功能：

① 在设计或运行报表时，打开报表使用的表或视图文件。

② 用相关的表或视图中的内容填充报表需要的数据。

③ 在关闭或释放报表时，关闭表文件。

报表的数据环境设计器的使用方法与表单的数据环境设计器的使用方法基本相同。

7. 报表控件

在设计报表时，可以加入 6 种控件，它们分别是标签控件、域控件、线条控件、矩形控件、圆角矩形控件和图片/OLE 绑定控件。

标签控件用来输出固定的信息，可以设置其字体、字号、文本的前景和背景颜色等。

域控件用来输出表中的字段、变量和表达式计算结果，它的数据类型可以是字符型、数值型或日期型等。

在报表中加入的图片文件可以是.BMP 或.JPG 等格式的文件，它只能静态显示，不会随记录的改变而改变。如果希望图片随记录的内容变化，应该在图片/OLE 绑定控件中使用通用字段。

8. 有关报表的命令

创建报表的命令：CREATE REPORT [<报表文件名>]。

修改报表的命令：MODIFY REPORT <报表文件名>。

打印预览报表的命令：REPORT FORM <报表文件名> [PREVIEW]。

实验 9.1 使用报表向导创建简单报表

一、实验目的

① 掌握使用报表向导创建单个数据源对应的报表的方法。

② 掌握使用报表向导创建一对多报表的方法。

二、实验内容

进行本实验前，应将"学生信息管理.dbc"数据库文件所在的 d:\vfp 文件夹设置为默认目录。

【例 9.1】使用报表向导制作一个名为 myrepo1 的报表，存放在 d:\vfp 文件夹下。设计要求：报表中包含 course 表中的所有字段；报表样式为"经营式"；报表布局：列数为"1"，字段布局为"列"，方向为"纵向"；按"课程号"字段升序排列记录；报表标题为"课程信息"。

〖操作过程〗

① 执行"文件"→"新建"菜单命令,在打开的"新建"对话框中选择"报表"选项,单击对话框中的"向导"按钮。打开"向导选取"对话框,如图 9.1 所示。

② 选取字段:在图 9.1 所示的对话框中选择"报表向导"项后单击 确定 按钮,进入报表向导步骤 1。单击数据库和表右下方的 ... 按钮,在打开的对话框中选择"学生信息管理"数据库文件。在"数据库和表"列表框中选择 course 表。单击 ▶▶ 按钮,将"可用字段"列表框中所有字段添加到"选定字段"列表框中,如图 9.2 所示。

③ 设置记录分组:单击图 9.2 中的

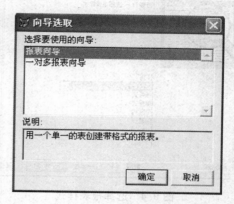

图 9.1 "向导选取"对话框

下一步(N)> 按钮,进入报表向导步骤 2。在第 1 个框中选择 none(无),表示在报表中不对记录分组,如图 9.3 所示。

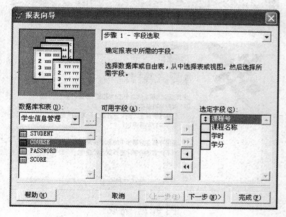

图 9.2 选取字段

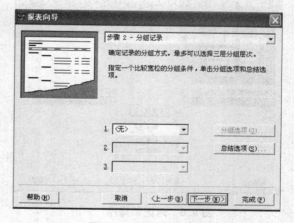

图 9.3 设置记录分组

④ 选择报表样式:单击图 9.3 中的 下一步(N)> 按钮,进入报表向导步骤 3。选择报表样式为"经营式",如图 9.4 所示。

⑤ 设置报表布局:单击图 9.4 中的 下一步(N)> 按钮,进入报表向导步骤 4。在"列数"框选择 1;在"字段布局"栏选择"列"单选按钮;在"方向"栏选择"纵向"单选按钮,如图 9.5 所示。

⑥ 对记录排序:单击图 9.5 中的 下一步(N)> 按钮,进入报表向导步骤 5。在"可用的字段或索引标识"列表框中,选中"课程号",单击 添加(D) > 按钮,将选中的排序字段添加到右侧的"选定字段"列表框中。选中 ⊙ 升序(C) 单选按钮,按升序排列记录,如图 9.6 所示。

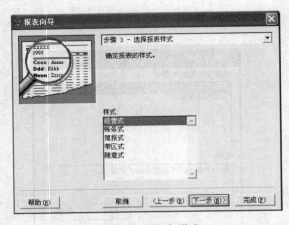

图 9.4　选择报表样式

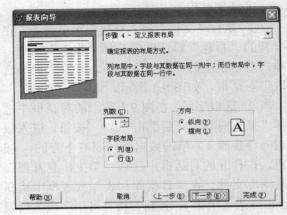

图 9.5　设置报表布局

⑦ 完成设计：单击图 9.6 中的 下一步(N)> 按钮，进入报表向导步骤 6。设置报表标题为"课程信息"，如图 9.7 所示。单击 预览(P) 按钮，可查看设计效果。

⑧ 单击 完成(F) 按钮，以 myrepo1.frx 为名保存报表文件。

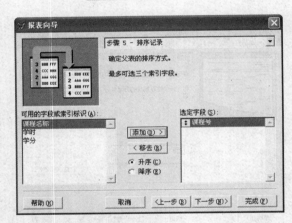

图 9.6　对记录排序

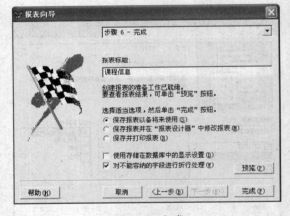

图 9.7　完成

在通常情况下，直接使用向导所设计的报表往往不能满足要求，一般还需要使用报表设计器进一步进行修改。

【例 9.2】使用一对多报表向导，以"学生信息管理.dbc"数据库中的表建立 myrepo2 报表，存放在 d:\vfp 文件夹下。要求：父表为 student 表，子表为 score 表；报表中包含父表的"学号"、"姓名"和"性别"字段，包含子表的"课程号"和"总成绩"字段；两个表通过"学号"字段建立联接关系；以"学号"字段的值按升序排列记录；报表样式设置为"帐务"式，方向设置为"横向"；报表标题设置为"学生成绩一览表"。

〖操作过程〗

① 新建一个报表，打开 "向导选取"对话框，在对话框中选择"一对多报表向导"后单击 确定 按钮，进入报表向导步骤 1 对话框。

② 从父表选取字段：在报表向导步骤 1 对话框中单击 … 按钮，选取"学生信息管理.dbc"

数据库文件。在"数据库和表"列表框中选择 student 表作为父表。在"可用字段"列表框内选中"学号"、"姓名"和"性别"字段，将它们添加到"选定字段"列表框中，如图 9.8 所示。

　　③ 从子表选取字段：进入报表向导步骤 2 对话框，选择 score 表作为子表，在"可用字段"列表框内选中"课程号"和"总成绩"字段，将它们添加到选定字段列表框中，如图 9.9 所示。

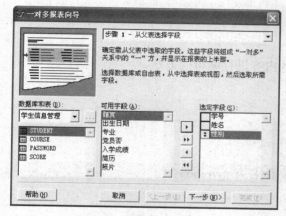

图 9.8　从父表选取字段

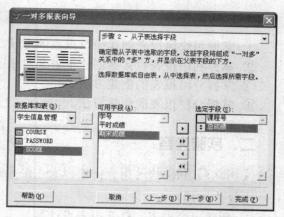

图 9.9　从子表选取字段

　　④ 设置联系字段：进入报表向导步骤 3 对话框，以默认的"学号"字段建立两个表之间的联接关系。

　　⑤ 设置排序字段：进入报表向导步骤 4 对话框，选择 "学号"字段作为排序依据。

　　⑥ 设置报表样式：进入报表向导步骤 5 对话框，如图 9.10 所示进行设置。

　　⑦ 进入报表向导步骤 6 对话框，将报表标题设置为"学生成绩一览表"。

　　⑧ 以 myrepo2.frx 为名，保存报表文件。

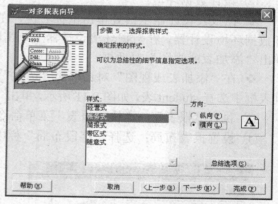

图 9.10　设置报表样式

三、实验练习

1. 用报表向导创建学生报表，输出 student 表中的信息。

2. 利用报表向导创建一对多报表，要求：

① 用 course 表作为父表，用 score 表作为子表。

② 报表中包含父表的"课程号"和"课程名称"字段，包含子表的"学号"和"总成绩"字段。两个表之间通过"课程号"建立联接关系。

③ 以"课程号"字段的值按升序排列记录，对每门课的成绩求平均分。

④ 报表样式设置为"经营"式，方向设置为"纵向"，报表标题设置为"课程成绩明细表"。

⑤ 以 studgrad.frx 为名保存报表文件。

实验 9.2 使用报表设计器设计报表

一、实验目的

① 掌握用快速报表创建简单报表的方法。
② 掌握利用报表设计器创建报表及对带区内容进行编辑的方法。
③ 掌握分组报表的创建方法。
④ 掌握分栏报表的创建方法。

二、实验内容

【例 9.3】利用快速报表创建报表，报表文件名为 myrepo3。

〖操作过程〗

① 新建一个报表，打开报表设计器。

② 设计数据环境：

❖ 在报表设计器空白处单击鼠标右键，在弹出的快捷菜单中执行"数据环境"命令，打开数据环境设计器，在数据环境设计器上单击鼠标右键，弹出快捷菜单，执行"添加"命令，弹出"添加表或视图"对话框。

❖ 在"添加表或视图"对话框的"选定"栏选中"表"单选按钮，在"数据库中的表"列表框中选择 student 表，如图 9.11 所示，单击 [添加(a)] 按钮，将它添加到报表的数据环境中。

③ 执行"报表"→"快速报表"菜单命令，打开"快速报表"对话框，如图 9.12 所示。

④ 设置报表布局：选择"字段布局"栏中左侧的按钮。

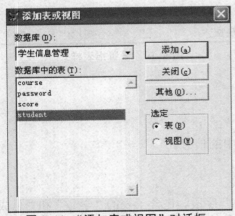

图 9.11 "添加表或视图"对话框

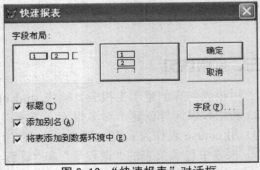

图 9.12 "快速报表"对话框

⑤ 设置报表中输出的字段：单击 [字段(F)...] 按钮，打开"字段选择器"对话框，在对话框中选择"学号"、"姓名"和"入学成绩"字段，如图 9.13 所示。

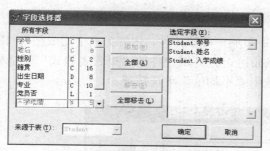

图 9.13 "字段选择器"对话框

⑥ 在图 9.13 所示的对话框中单击 确定 按钮，返回"快速报表"对话框，单击 确定 按钮就完成了报表的设计。设计完成后的报表设计器如图 9.14 所示。

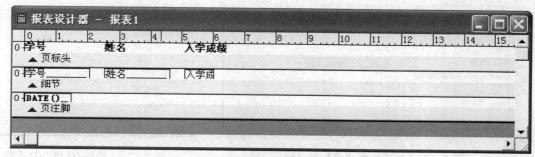

图 9.14 生成快速报表后的报表设计器

⑦ 以 myrepo3 为文件名，保存报表。
⑧ 单击工具栏上的"预览"按钮，观察报表输出效果。

【例 9.4】使用报表设计器设计一个按课程号分组的报表，报表的预览效果如图 9.15 所示。
〖操作过程〗
① 新建报表，打开报表设计器。
② 向报表中添加 score 表，作为报表的数据源。

③ 设置报表分组依据字段：执行主窗口菜单的"报表"→"数据分组"菜单命令，打开"数据分组"对话框，利用"表达式生成器"对话框，将分组表达式设置为"score.课程号"，如图9.16 所示。将数据环境设计器中的 score 表的"课程号"拖到组标头带区。

④ 设置细节带区：将数据环境设计器中 score 表的"学号"字段、"平时成绩"字段、"期末成绩"、"总成绩"字段分别拖到带区。本带区的设置结果参见

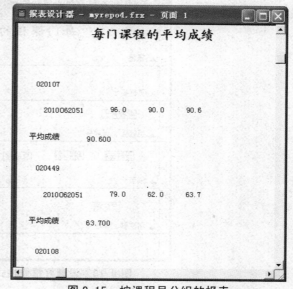

图 9.15 按课程号分组的报表

图 9.18。

⑤ 设置组注脚带区：添加一标签控件，内容为"平均成绩"；将数据环境设计器中 score 表的"总成绩"字段拖到带区，打开域控件的"报表表达式"对话框，单击"计算"按钮，在"计算字段"对话框选中"平均值"单选按钮。

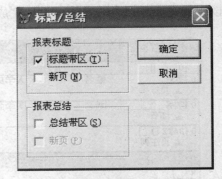

图 9.16 "表达式生成器"对话框　　　　图 9.17 "标题/总结"对话框

⑥ 增加标题带区：执行"报表"→"标题/总结"，打开"标题/总结"对话框，选中"标题带区"选项，如图 9.17 所示。在标题带区增加一标签控件，内容为"每门课程的平均成绩"，字体为"楷体 GB_2312"，字号为三号，粗体(先设置字体，再添加标签控件)。

设计好报表后的报表设计器如图 9.18 所示。

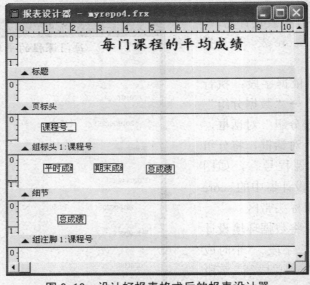

图 9.18 设计好报表格式后的报表设计器

⑦ 单击工具栏上的"保存"按钮，以 myrepo4 为文件名保存最终设计结果。单击工具栏上的"预览"按钮，观察报表输出的内容，结果如图 9.15 所示。

⑧ 调用报表：关闭报表后在命令窗口执行下述命令，将输出报表内容。

REPORT FORM myrepo4

三、实验练习

1. (等级考试题)利用 Visual FoxPro 的快速报表功能建立一个满足如下要求的简单报表：

① 报表的内容是 order_detail 表的记录(全部记录、横向)。

② 增加标题带区，然后在该带区中放置一个标签控件，该标签控件显示报表的标题"器件清单"。

③ 将页注脚带区默认显示的当前日期改为显示当前的时间。

④ 最后将建立的报表保存为 reportl.frx 文件。

2. (等级考试题)使用报表设计器建立一个报表，具体要求如下：

① 报表的内容(细节带区)是 order_list 表的订单号、订购日期和总金额。

② 在报表中添加数据分组，分组表达式是"order_list.客户号"，组标头带区的内容是"客户号"，组注脚带区的内容是该组订单的"总金额"合计。

③ 增加标题带区，标题是"订单分组汇总表(按客户)"，要求是 3 号字、黑体，括号是全角符号。

④ 增加总结带区，该带区的内容是所有订单的总金额合计。最后将建立的报表保存为 report2.frx 文件。

【提示】在考试的过程中可以使用"显示"→"预览"菜单命令查看报表的效果。

REPORT FORM myreport

REPORT FORM myreport

第10章 菜单

知识要点

1. 菜单结构和种类

Visual FoxPro 中的菜单包括两种：菜单和快捷菜单。

这里所说的菜单指条形菜单，它由主菜单和若干下拉菜单组成，主菜单和每个下拉菜单中包含若干菜单项。主菜单表示应用系统中各项主要功能，子菜单是主菜单的下一级菜单，子菜单还可以再包括子菜单(级联菜单)。一般来说，子菜单包含的每个菜单项对应一项操作。当菜单项很多时，可以对菜单项分组。可以为菜单项定义热键和快捷键。

快捷菜单是当用户在选定对象上单击鼠标右键时弹出的菜单。

2. 菜单设计器

通过 Visual FoxPro 提供的菜单设计器，可以方便地创建菜单和修改菜单。菜单设计器的功能有两个：为顶层表单设计菜单、通过定制 Visual FoxPro 系统菜单建立应用程序的菜单。

3. 创建和使用菜单的基本步骤

① 使用菜单设计器创建和设计菜单，产生扩展名是.mnx 和.mnt 的菜单文件。
② 生成菜单程序，产生扩展名是.mpr 的菜单程序文件。
③ 运行菜单程序。

4. 与菜单操作相关的命令

① 建立菜单文件：
【格式】CREATE MENU <菜单文件名>
② 修改菜单文件：
【格式】MODIFY MENU <菜单文件名>
③ 运行菜单(使用本命令时不能省略.mpr 扩展名)：
【格式】DO <菜单文件名>。

5. 与设置菜单系统相关的命令

Visual FoxPro 主窗口中的系统菜单是一个典型的菜单系统。通过 SET SYSMENU 命令可以允许或禁止在程序执行期间访问系统菜单，也可以重新配置系统菜单。

① 允许/禁止程序执行时访问系统菜单：SET SYSMENU ON|OFF。

② 恢复默认的系统菜单：SET SYSMENU TO DEFAULT。

③ 将默认配置恢复为系统菜单的标准配置：SET SYSMENU NOSAVE。

6. 设计与使用快捷菜单

快捷菜单的建立和编辑过程同一般菜单，但运行方法不同。创建和使用快捷菜单的步骤：

① 在"快捷菜单设计器"窗口中设计快捷菜单。

② 在快捷菜单的"清理"代码中添加清除菜单的命令：

【格式】RELEASE POPUPS 〈快捷菜单名〉［EXTENDED］

③ 在表单设计器中，选定需要添加快捷菜单的对象，然后在选定对象的 RightClick 事件代码中添加调用快捷菜单程序的命令：

【格式】DO 〈快捷菜单程序名.mpr〉

实验　菜单设计案例

一、实验目的

① 掌握用菜单设计器设计菜单的方法。

② 掌握生成和运行菜单程序的方法。

③ 掌握为顶层表单设计菜单的方法。

④ 掌握用菜单设计器设计快捷菜单的方法。

⑤ 掌握运行快捷菜单的方法。

二、实验内容

【例 10.1】利用菜单设计器创建一个菜单，具体要求如下：

① 主菜单包含"文件（F）"、"编辑（E）"、"查询（Q）"和"表单（P）"四个菜单项，它们对应的结果分别是激活 wj 子菜单、bj 子菜单、cx 子菜单、bd 子菜单。

② wj 子菜单包括"打开"、"关闭"和"退出"三个菜单项，前两个菜单项分别调用系统菜单的"文件"菜单中相应菜单项的功能；"退出"菜单项的功能是将系统菜单恢复为标准设置，另外还要为该菜单项设置 Ctrl+Q 快捷键。

③ bj 子菜单包括"浏览学生表"和"编辑学生表"两个菜单项。它们的快捷键分别是 Ctrl+L、Ctrl+E。要在两个菜单项之间添加一条分隔线。

④ cx 子菜单包括"按班级查询"一个菜单项。

⑤ bd 子菜单包括"学生籍贯"、"学生成绩"两个菜单项。它们的结果分别是执行 test8_7.scx 和 test8_4.scx 表单文件。

⑥ 以 mymenu.mpr 为名保存菜单文件。

〖操作过程〗

① 在命令窗口执行命令：

　　MODIFY MENU mymenu

或者打开"新建"对话框，在对话框中单击"菜单"按钮，打开"菜单设计器"窗口。

② 设置主菜单的菜单项，如图 10.1 所示。

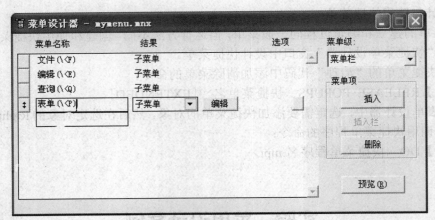

图 10.1　主菜单的菜单结构

③ 按下述操作创建 wj 子菜单。

❖ 单击"文件"菜单项"结果"列上的"创建"按钮，使设计器窗口切换到"文件"子菜单页。

❖ 单击"插入栏"按钮，打开"插入系统菜单栏"对话框，在对话框的列表框中选择"打

开"项并单击"插入"按钮，这样就可以在"文件"子菜单中设置"打开"菜单项；用同样方法设置"关闭"菜单项。

❖ 在"文件"子菜单中再建立一个"退出"菜单项，在它的"结果"列选择"过程"，单击"创建"按钮，打开文本编辑窗口，输入下面两行代码：

```
SET SYSMENU NOSAVE
SET SYSMENU TO DEFAULT
```

❖ 为"退出"菜单项设置快捷键：单击本菜单项"选项"列上的按钮，打开"提示选项"对话框，然后单击对话框中的"键标签"文本框，将插入点光标移到文本框中，在键盘上按下 Ctrl + Q 组合键，得到图 10.2 所示的结果。

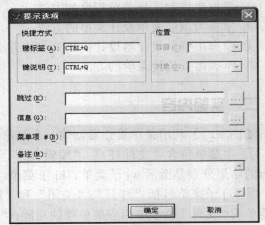

图 10.2　设置快捷键

❖ 设置子菜单的内部名称：执行主窗口的"显示"→"菜单选项"菜单命令，打开"菜单选项"对话框，在"名称"框中输入 wj，如图 10.3 所示。

wj 子菜单的设计结果如图 10.4 所示。

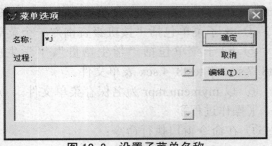

图 10.3　设置子菜单名称

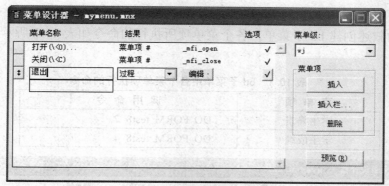

图 10.4　wj 子菜单的结构

- ❖ 打开"菜单级"下拉列表框，选择"菜单栏"项，返回图 10.1 所示的主菜单页。
- ④ 创建 bj 子菜单：
- ❖ 仿照上面③中的叙述，使设计器窗口切换到"编辑"子菜单页。
- ❖ 设置子菜单中的各个菜单项(包括将菜单项分组的分隔符)的名称、结果。
- ❖ 为"浏览学生表"和"编辑学生表"菜单项设置快捷键。
- ❖ 将子菜单的内部名称设置为 bj。

bj 子菜单的设计结果如图 10.5 所示。

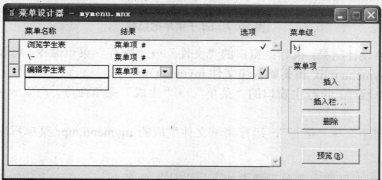

图 10.5　bj 子菜单的结构

- ❖ 返回主菜单页。
- ⑤ 创建 cx 子菜单：

仿照上面的叙述，创建 cx 子菜单，设计结果如图 10.6 所示。

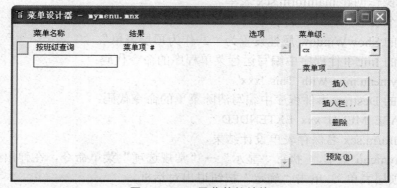

图 10.6　cx 子菜单的结构

⑥ 创建 bd 子菜单：

仿照上面的叙述创建 bd 子菜单，各个菜单项所执行的命令如表 10.1 所示，设计结果如图 10.7 所示。

表 10.1 bd 子菜单中各个菜单项执行的命令

菜 单 项	调 用 命 令
学生籍贯	DO FORM test8_7
学生成绩	DO FORM test8_4

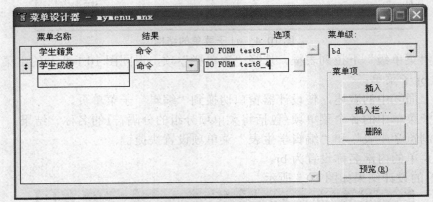

图 10.7 bd 子菜单的结构

⑦ 保存菜单设计结果：执行主窗口的"文件"→"保存"菜单命令，将设计结果保存在菜单定义文件 mymenu.mnx 和菜单备注文件 mymenu.mnt 中。

⑧ 生成菜单程序：执行主窗口的"菜单"→"生成"菜单命令，产生 mymenu.mpr 菜单程序文件。

⑨ 执行"程序"→"运行"，运行菜单文件生成的 mymenu.mpr 菜单程序文件，观察设计的菜单效果。

【例 10.2】为表单建立菜单。要求如下：设计一个名为 mainform.scx 的顶层表单，运行表单时，能同时加载例 10.1 中建立的 mymenu 菜单程序；退出表单时，能同时清除菜单，释放所占用的内存空间。

〖操作过程〗

① 按下述操作创建 mainform.scx 表单。

❖ 新建一个表单，打开它的表单设计器。

❖ 将表单的 ShowWindow 属性设置为"2-作为顶层表单"。

❖ 在表单的 Init 事件程序中编写运行菜单程序的命令代码：

  DO mymenu.mpr With This, 'xxx'

❖ 在表单的 Destroy 事件程序中编写清除菜单的命令代码：

  RELEASE MENU xxx EXTENDED

❖ 以 mainform.scx 名保存表单设计结果。

② 打开 mymenu 菜单，执行"显示"→"常规选项"菜单命令，在弹出的对话框内选中右下角的"顶层表单"，单击"确定"按钮退出对话框。

③ 执行"菜单"→"生成"菜单命令,生成新的 mymenu.mpr 菜单程序文件。
④ 运行 mainform.scx 表单。

三、实验练习

1. 创建一个 Form1 表单,在该表单上设置图 10.8 所示的快捷菜单,完成统计学生成绩的最高分、最低分、平均分的功能。

图 10.8　第 1 题结果示意图

【提示】快捷菜单的创建方式与菜单的创建方式一样。若在表单中调用快捷菜单,需在表单的 RightClick 事件中编写代码。

2. (等级考试题)利用菜单设计器建立一个 tj_menu3 菜单,要求如下:
① 主菜单(条形菜单)的菜单项包括"统计"和"退出"两项。
② "统计"菜单下只有一个"平均"菜单项,该菜单项的功能是统计各门课程的平均成绩,统计结果包含"课程名"和"平均成绩"两个字段,并将统计结果按课程名以升序保存在 new_table32 表中。
③ "退出"菜单项的功能是返回 Visual FoxPro 系统菜单。
菜单建立后,生成菜单,运行该菜单中各个菜单项。

第11章　开发应用系统

知 识 要 点

学习 Visual FoxPro 的最终目的是开发一个数据库应用系统。根据数据库应用程序的开发特点，数据库应用系统的开发流程可以分为以下几步。

① 数据库设计：对一个给定的应用环境构造数据模型，根据数据模型建立数据库和各个数据表。

② 功能设计：Visual FoxPro 提供了结构化程序设计和面向对象的程序设计两种方法，并将两者结合，共同完成系统功能设计。

③ 编制程序：主要包括创建子类、设计用户界面、设计数据输出和构造主应用程序。

④ 编译、调试和试运行：通过编译、调试和试运行，找出程序中的错误和不完善处并进行改正，这是非常重要的一个步骤。

⑤ 发布：在 Visual FoxPro 中编译生成的 EXE 文件不能直接在另一台电脑上运行，除非该电脑中装有 Visual FoxPro 系统，因为运行 EXE 文件要依赖安装在 Windows 系统中的运行数据库。为此要为该软件制作一套安装盘。

实验　系统开发案例

一、实验目的

① 掌握一个简单应用程序系统的构建方法。

② 通过一个简单应用程序系统的完整设计过程，进一步提高综合解决应用问题的能力。

二、实验内容

本实验利用项目管理器组织、设计并在最后连编形成一个简单完整的人员信息管理应用系统程序。

〖实验要求〗

① 系统由数据库、表单、报表、菜单和程序组成。

② 数据库与数据表：系统中包含一个 rygl.dbc（人员信息管理）数据库，数据库中包括"员工"、"工资"和"部门"三个数据表。另外包含一个"操作员"自由表，用来存放登录系统

的用户名和密码。

③ 建立一个 gz 视图，将"员工"表、"工资"表和"部门"表联接起来。

④ 系统功能：

❖ 系统管理功能——可完成增加或删除应用系统的操作员，修改当前操作员自身的密码，退出应用系统等操作。

❖ 员工管理功能——可完成员工基本情况管理和员工工资管理等操作。包括相关数据的输入、修改、删除和浏览操作。

❖ 查询统计功能——根据员工姓名和部门名称查询相应的记录，对各部门工资进行汇总统计。

❖ 输出工资报表功能——能编制并输出工资发放明细表并进行计算汇总。

⑤ 编制 main.prg 程序文件作为项目的主文件，由它调用 login 用户登录表单。用户登录成功，由登录表单调用 mainmenu 系统菜单。在系统菜单中调用各个表单、查询和报表。

〖操作过程〗

1. 创建人员信息管理项目文件

① 创建 d:\rygl 文件夹作为系统的工作文件夹。

② 将 d:\rygl 文件夹设置为默认路径。

③ 创建项目文件，文件名为 rygl.pjx。

2. 创建数据库、数据库表、自由表

① 打开 rygl 项目的项目管理器，进入"数据"选项卡，创建并打开 rygl 数据库。

② 在 rygl 数据库中新建 3 个数据表，按表 11.1 所示，建立各个表的结构。

表 11.1　rygl 数据库中各个数据表的结构

表名	字段名	字段类型与长度	默认值	字段说明
员工	编号	C, 5		
	姓名	C, 8		
	出生日期	D		年龄不能小于 18 岁
	性别	C, 2	男	性别只能是男或女
	部门编号	C, 2		
	最后学历	C, 6		
	职称	C, 6		
	婚否	L	.T.	
	备注	M		
工资	编号	C, 5		
	基本工资	N, 7, 2		必须输入大于 0 的值
	岗位津贴	N, 7, 2		必须输入大于 0 的值
	其他工资	N, 7, 2		必须输入大于 0 的值
	应发工资	N, 8, 2		
	扣款小计	N, 7, 2		必须输入大于 0 的值
	实发工资	N, 8, 2		计算得到，不能为负数

表名	字段名	字段类型与长度	默认值	字段说明
部门	部门编号	C, 2		
	部门名称	C, 11		
	人数	N, 3		
	基本工资	N, 8, 2		
	岗位津贴	N, 8, 2		
	其他工资	N, 8, 2		
	应发工资	N, 8, 2		
	扣款小计	N, 7, 2		
	实发工资	N, 8, 2		

③ 按表 11.2 所示，对各数据表建立索引。

表 11.2　各数据表中的索引

数据表名称	索引名称	索引类型	索引表达式
员工	编号	主索引	编号
	部门编号	普通索引	部门编号
工资	编号	主索引	编号
部门	部门编号	主索引	部门编号

④ 在工资表的"表"选项卡中设置"工资"表的记录属性，如图 11.1 所示。

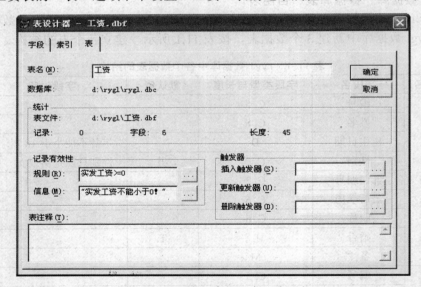

图 11.1　"工资"表的"表"选项卡

⑤ 创建永久联接关系。

❖ 在项目管理器中选择 rygl 数据库，单击"修改"按钮，打开它的数据库设计器。

❖ 在"员工"表的"编号"主索引和"工资"表的"编号"主索引之间建立关系。

❖ 在"部门"表的"部门编号"主索引和"员工"表的"部门编号"普通索引之间建立关系。
建立永久关系后的数据库设计器如图 11.2 所示。

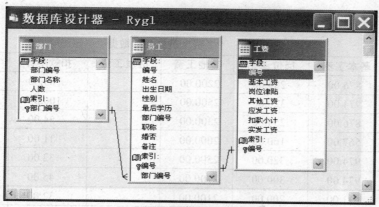

图 11.2　rygl 数据库中各个表之间的永久关系

❖ 设置永久关系的参照完整性：将"员工"表与"工资"表之间的更新规则设置为"级联"，删除规则设置为"级联"，插入规则设置为"限制"。

⑥ 新建"操作员"自由表，按表 11.3 所示，建立表的结构。

表 11.3　"操作员"表的结构

表　名	字段名	字段类型和宽度	字段意义
操作员	username	C, 8	用户名
	userpwd	C, 4	密码
	usergrade	C, 10	操作员等级

⑦ 在各个表中输入记录。

❖ "员工"表的初始数据如表 11.4 所示。

表 11.4　"员工"表的初始数据

编号	姓名	出生日期	性别	部门编号	最后学历	职称	婚否
11001	蔡华	10/01/1947	男	11	本科	政工师	T
12002	王玉德	11/01/1956	女	12	研究生	高工	T
12003	杨晓霞	09/08/1986	女	12	本科	工程师	F
13004	王红	09/01/1950	女	13	专科	助会	T
13005	徐华	03/11/1979	男	13	研究生	高会	T
14006	李卫国	07/09/1964	男	14	研究生	教授	T
14007	王庆秋	08/23/1984	男	14	本科	讲师	F
14008	单新强	03/11/1964	男	14	本科	副教授	T
15009	金娜娜	11/11/1965	女	15	研究生	教授	T
15010	陈邦瑞	05/31/1987	男	15	研究生	讲师	F
15011	任红	07/21/1964	女	15	本科	副教授	T
15012	刘湘云	11/18/1988	女	15	研究生	助教	F
16013	杨华	11/01/1962	男	16	本科	讲师	T
16014	朱平	11/11/1988	男	16	研究生	助教	F
11015	李红梅	03/18/1973	女	11	本科	高工	T

❖ "工资"表的初始数据如表 11.5 所示。

表 11.5 "工资"表的初始数据

编号	基本工资	岗位津贴	其他工资	应发工资	扣款小计	实发工资
11001	876.00	254.00	2200.00		63.00	
12002	974.00	320.00	2500.00		100.00	
12003	876.00	254.00	2300.00		54.00	
13004	567.00	160.00	2000.00		11.00	
13005	974.00	320.00	2500.00		32.00	
14006	974.00	300.00	2700.00		45.00	
14007	611.00	200.00	2100.00		32.00	
14008	876.00	251.00	2400.00		110.00	
15009	974.00	310.00	2500.00		112.00	
15010	611.00	210.00	2100.00		34.00	
15011	876.00	254.00	2300.00		78.00	
15012	453.00	110.00	1800.00		11.00	
16013	567.00	165.00	2000.00		43.00	
16014	453.00	110.00	1800.00		20.00	
11015	876.00	225.00	2200.00		98.00	

❖ "部门"表的初始数据如表 11.6 所示。

表 11.6 "部门"表的初始数据

部门编号	部门名称	部门编号	部门名称
11	校长公室	12	人事处
13	财务处	14	商学院
15	计算机学院	16	自动化学院

❖ "操作员"表的初始数据如表 11.7 所示。

表 11.7 "操作员"表的初始数据

username	userpwd	usergade
蔡华	9999	系统管理员
王玉德	1111	一般操作员
杨晓霞	2222	一般操作员
王红	3333	一般操作员

3. 创建应用程序自定义类

按下面叙述的操作步骤，以 Visual FoxPro 中的 CommandGroup 基类为父类，创建 Recmove 记录移动类，类库文件名为 myclass.vcx。

① 在 rygl 项目的项目管理器中选择"类"选项卡，单击"新建"按钮，出现"新建类"对话框，在对话框中按图 11.3 所示进行设置。

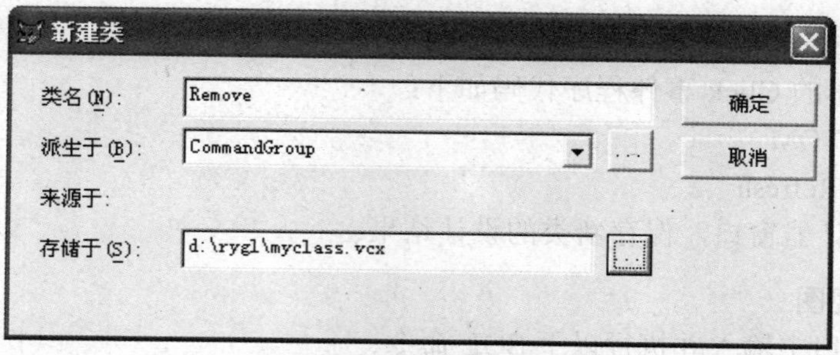

图 11.3　"新建类"对话框

② 单击"确定"按钮，系统打开"类设计器"窗口。

③ 按以下叙述设置 Recmove 类的属性。

将 ButtonCount 属性设置为 4，清除所有命令按钮的 Caption 值，按下面的叙述设置各个按钮的 Picture 属性值。

第 1 个命令按钮：Picture = top.bmp

第 2 个命令按钮：Picture = prior.bmp

第 3 个命令按钮：Picture = next.bmp

第 4 个命令按钮：Picture = bottom.bmp

设计后的类布局如图 11.4 所示。

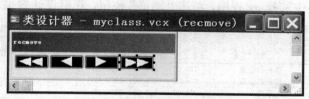

图 11.4　记录移动类的设计结果

④ 编写各命令按钮的 Click 事件程序代码。

❖ ◄◄ 按钮的 Click 事件程序代码如下：

```
GO  TOP
Thisform.Refresh
```

❖ ◄ 按钮的 Click 事件程序代码如下：

```
SKIP  -1
IF  BOF()
   GO  TOP
ENDIF
Thisform.Refresh
```

❖ ► 按钮的 Click 事件程序代码如下：

```
SKIP
IF  EOF()
   GO  BOTTOM
ENDIF
```

Thisform.Refresh

❖ ▶▶按钮的 Click 事件程序代码如下:

GO BOTTOM

Thisform.Refresh

❖ 关闭类设计器窗口，保存新类的设计结果。

4. 创建 gz 视图

① 在命令窗口中输入并执行以下 SQL 命令:

CREATE VIEW gz AS;

SELECT 工资.编号, 姓名, 部门名称, 工资.基本工资, 工资.岗位津贴, 工资.其他工资,;

工资.应发工资, 工资.扣款小计, 工资.实发工资 ;

FROM 员工, 工资, 部门;

WHERE 工资.编号 = 员工.编号 AND 员工.部门编号 = 部门.部门编号;

ORDER BY 工资.编号

② 在项目管理器中的"本地视图"项中选择 gz 视图，单击"修改"按钮，打开视图设计器。

③ 在视图设计器中选择"更新条件"选项卡，设置更新条件。

将"工资.编号"字段设置为关键字段，选中"发送 SQL 更新"复选框。

④ 在项目管理器中选择 gz 视图，单击"浏览"按钮，观察设计效果，结果如图 11.5 所示。

编号	姓名	部门名称	基本工资	岗位津贴	其他工资	应发工资	扣款小计	实发工资
11001	蔡华	校长办公室	876.00	254.00	2200.00		63.00	
11015	李红梅	校长办公室	876.00	225.00	2200.00		98.00	
12002	王玉德	人事处	974.00	320.00	2500.00		100.00	
12003	杨晓霞	人事处	876.00	254.00	2300.00		54.00	
13004	王红	财务处	567.00	160.00	2000.00		12.00	
13005	徐华	财务处	974.00	320.00	2500.00		32.00	
14006	李卫国	商学院	974.00	300.00	2700.00		45.00	
14007	王庆秋	商学院	612.00	200.00	2100.00		32.00	
14008	单新强	商学院	876.00	251.00	2400.00		120.00	
15009	金娜娜	计算机学院	974.00	310.00	2500.00		122.00	
15010	陈邦瑞	计算机学院	612.00	210.00	2100.00		34.00	
15011	任红	计算机学院	876.00	254.00	2300.00		78.00	
15012	刘湘云	计算机学院	453.00	120.00	1800.00		12.00	
16013	杨华	自动化学院	567.00	165.00	2000.00		43.00	
16014	朱平	自动化学院	453.00	120.00	1800.00		20.00	

图 11.5 视图浏览结果

5. 设计用来输入员工基本信息的表单

创建 ryin.scx 表单用来完成录入员工基本情况的功能，设计界面如图 11.6 所示。要求该表单完成的功能是: 在"txt 查找"框中输入员工的编号值后单击"查找"命令按钮，能在表单中显示对应的记录内容; 单击"增加"命令按钮，能清空表单，根据用户输入的内容向"员工"表添加记录; 单击"删除"命令按钮，则能删除当前显示的记录，并显示下一条记录。表单下方的 4 个命令按钮用来浏览"员工"表中记录的数据。

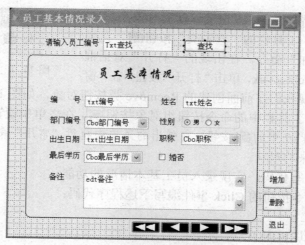

图 11.6　员工基本情况录入表单

① 修改"员工"表结构：在项目管理器中选择"员工"表，单击"修改"按钮，打开表设计器。在表设计器中将"部门编号"、"职称"和"最后学历"字段的显示类设置为 Combobox，将"性别"字段的显示类设置为 OptionGroup。

② 设计表单界面。

❖ 使用项目管理器新建一个表单。

❖ 将"员工"表和"部门"表加入到表单的数据环境中，删除表之间的联接关系。将"员工"表的 Order 属性设置为"编号"。

❖ 以 ryin.scx 为名保存表单。

❖ 使用"窗体控件"工具栏中的"形状"按钮，在表单中添加形状控件，从数据环境中将"员工"表的各字段分别拖到表单上，形成控件，然后按表 11.8 所示，设置各控件的属性。

表 11.8　ryin 表单和表单中各控件的属性

对象名称	属性名称	属性值
Form1（表单）	AutoCenter	.T. – 真
	Caption	员工基本情况录入
	WindowType	1 – 模式
Cbo 部门编号	RowSourceType	6 – 字段
	RowSource	部门.部门编号
Cbo 职称	RowSourceType	1 – 值
	RowSource	政工师，高工，工程师，助工，教授，副教授，讲师，助教,助会，高会
Cbo 最后学历	RowSourceType	1 – 值
	RowSource	研究生，本科，专科
Option1	Caption	男
Option2	Caption	女
Txt 查找	Maxlength	5

图 11.7 "窗体控件"工具栏

❖ 在表单下部设置 Recmove 记录移动类对象:

单击"窗体控件"工具栏的"查看类"按钮 ▩,在弹出的菜单中执行"添加"命令。在出现的"打开"对话框中选定类库文件名 myclass.vcx,单击"打开"按钮。在"窗体控件"工具栏中出现我们在前面创建的 Recmove 类按钮对象,如图 11.7 所示。

使用"窗体控件"工具栏中的命令按钮组对象按钮 ▤,在表单中设置该对象对应的控件。

〖说明〗单击图 11.7 中的 ▩ 按钮,在弹出的菜单中执行"常用"命令,可以将"窗体控件"工具栏恢复成原来的形状。

③ 为表单控件编写代码,实现录入员工基本情况的功能。

❖ 为"增加"命令按钮的 Click 事件编写下述程序代码:

```
SELECT 员工
currrec = STR(RECNO())
bh = LEFT(ALLTRIM(INPUTBOX("请输入新员工编号")),5)
SEEK bh
IF FOUND()
    =MESSAGEBOX("编号重复,请重新输入! ")
    GO &currrec
ELSE
    APPEND BLANK
    REPLACE 编号 WITH (bh)
    INSERT INTO 工资(编号) VALUES('&bh')
    SELECT 员工
    Thisform.Refresh
ENDIF
```

❖ 为"删除"命令按钮的 Click 事件编写下述程序代码:

```
SELECT 员工
yes = MESSAGEBOX("确定是否删除?",1+32)
IF yes = 1
    xx=员工.编号
    DELETE
    PACK
    DELETE FROM 工资 WHERE 编号=xx
    SELECT 工资
    PACK
    SELECT 员工
    Thisform.Refresh
ENDIF
```

❖ 为"查找"命令按钮的 Click 事件编写下述程序代码:

```
SELECT 员工
currrec = STR(RECNO())
```

```
SEEK  Thisform.Txt 查找.Value
IF  EOF()
   = MESSAGEBOX("查无此人!")
   GO  &currrec
ENDIF
Thisform.Refresh
```

❖ 为"退出"命令按钮的 Click 事件编写下述程序代码:

```
Thisform.Release
```

④ 设计结束后,单击工具栏上的"保存"按钮,保存设计结果。

〖注意〗以下叙述中,各项操作结束后,不再说明保存操作。

6. 设计用来输入员工工资信息的表单

创建 gzin.scx 表单用来完成录入员工工资情况的功能,设计界面如图 11.8 所示。

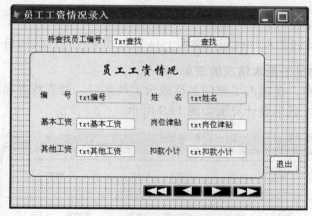

图 11.8　员工工资情况录入表单

① 设计表单界面。

❖ 新建一个表单。

❖ 将"员工"表和"工资"表添加到表单的数据环境中,将"工资"表的 Order 属性设置为"编号"主索引。

❖ 以 gzin.scx 为名保存表单。

❖ 在表单上添加形状控件,从数据环境中将"工资"表的相关字段分别拖到表单上,再将"员工"表中的"姓名"字段拖到表单上,按表 11.9 所示,设置各控件属性。

表 11.9　gzin 表单和表单中各控件的属性

对象名称	属性名称	属性值
Form1(表单)	AutoCenter	.T. - 真
	Caption	员工工资情况录入
	WindowType	1 - 模式
txt 编号	ReadOnly	.T. - 真
txt 姓名	ReadOnly	.T. - 真
Txt 查找	Maxlength	5

❖ 在表单下部添加 Recmove 记录移动类对象。

② 为表单控件编写代码，实现录入员工工资情况的功能。

❖ 为"查找"命令按钮的 Click 事件编写下述程序代码：

```
SELECT 工资
currrec=STR(RECNO())
SEEK Thisform.txt 查找.Value
IF EOF()
    = MESSAGEBOX("查无此人!")
    GO &currrec
ENDIF
SELECT 员工
SEEK Thisform.txt 编号.Value
SELECT 工资
Thisform.Refresh
```

❖ "退出"命令按钮的程序代码可参照 ryin 表单相关控件的代码进行设计。

7. 设计用来查询员工基本情况的表单

创建 rycx.scx 表单，在输入了部门名称或员工姓名后，能查找并显示指定部门或指定姓名的员工的基本情况，表单设计界面如图 11.9 所示。

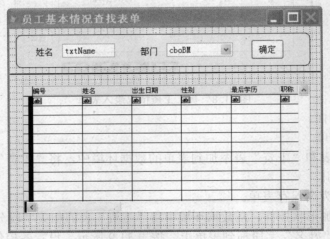

图 11.9　员工基本情况查询表单

① 设计表单界面。

❖ 新建一个表单。

❖ 将"员工"表和"部门"表添加到表单的数据环境中，删除两表之间的关系。

❖ 以 rycx.scx 为名保存表单。

❖ 在表单中设置 txtName 文本框，用来输入待查找的职工姓名；设置 cboBm 组合框，用来选择部门名称；再设置 Grid1 表格控件，用来显示"员工"表数据。

❖ 将 cboBm 组合框的 RowSource（记录源）属性设置为"部门"表的"部门名称"字段。

❖ 将 Grid1 表格的 RecordSource 属性设置为"员工"表，再将其设置为只读。

② 编写"确定"命令按钮的 Click 事件程序代码：

```
IF  !EMPTY (Thisform.txtName.Value)
     SET  FILTER  TO  员工.姓名=TRIM (Thisform.txtName.Value)    && 设置筛选条件
     Thisform.Grid1.Refresh
     RETURN
ENDIF
IF  !EMPTY (Thisform.cboBM.Value)
     bm = TRIM (Thisform.cboBM.Value)
     SELECT  部门
     LOCATE  FOR  部门名称=bm
     bmbh=部门编号
     SELECT  员工
     SET  FILTER  TO  员工.部门编号=bmbh
     Thisform.Grid1.Refresh
     RETURN
ENDIF
```

8．设计用来计算实发工资的表单

创建 calugz.scx 表单，表单布局如图 11.10 所示。在表单中用一个表格控件显示工资情况；用另一个表格控件显示部门工资汇总情况。

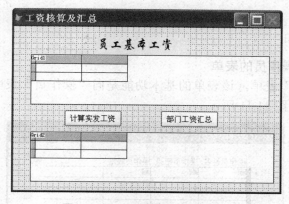

图 11.10　工资核算及汇总表单

① 设计表单界面。

❖ 新建一个表单。

❖ 将"工资表"和"部门"表以及前面创建的 gz 视图添加到表单的数据环境中。

❖ 以 calugz.scx 为名保存表单。

❖ 在表单中添加两个命令按钮和两个表格控件。

❖ 将 Grid1 表格的 Recordsource 属性设置为 gz 视图。将 Grid2 表格的 RecordSource 属性设置为"部门"表。

② 编写两个命令按钮的事件程序代码。

"计算实发工资"命令按钮的 Click 事件程序代码:

```
SELECT gz
REPL ALL 应发工资 WITH 基本工资 + 岗位津贴 + 其他工资
REPL ALL 实发工资 WITH 应发工资 - 扣款小计
GO TOP
Thisform.Refresh
```

"部门工资汇总"命令按钮的 Click 事件程序代码:

```
SELECT 部门
GO TOP
DO WHILE!EOF()
    bh = 部门编号
    SELECT 工资
    COUNT FOR LEFT(编号,2)=bh TO rs
    SUM 基本工资, 岗位津贴, 其他工资, 应发工资, 扣款小计, 实发工资;
        TO a1, a2, a3, a4, a5, a6 FOR LEFT(编号,2) = bh
    SELECT 部门
    REPLACE 人数 WITH rs
    REPLACE 基本工资 WITH a1, 岗位津贴 WITH a2, 其他工资 WITH a3,;
        应发工资 WITH a4, 扣款小计 WITH a5, 实发工资 WITH a6
    SKIP
ENDDO
Thisform.Refresh
```

9. 设计用来管理操作员的表单

创建"操作员.scx"表单,该表单的基本功能是向"操作员"表中添加新记录或删除记录,表单的设计界面如图 11.11 所示。

图 11.11 操作员管理表单

① 设计表单界面。

❖ 新建一个表单。

❖ 将"操作员"表添加到表单的数据环境中。

❖ 以"操作员.scx"为名保存表单。

❖ 从数据环境中将"操作员"表拖到表单中，形成表格控件。

❖ 按照表 11.10 所示，设置表单的属性。

表 11.10　操作员管理表单的属性设置

对象名称	属性名称	属性值
Form1（表单）	AutoCenter	.T. - 真
	Caption	操作员管理
	WindowType	1 - 模式

❖ 在表单中设置两个命令按钮。

② 编写表单和相关控件的事件程序代码。

❖ 表单的 Init 事件程序代码：

```
SET DELETED ON
PUBLIC addrecno
addrecno = 0
```

❖ "增加操作员"按钮的 Click 事件程序代码：

```
APPEND BLANK
addrecno = RECNO()
Thisform.Grd 操作员.Column1.Text1.SetFocus        && 设置焦点以便进行输入
```

❖ "删除操作员"按钮的 Click 事件程序代码：

```
yes = MESSAGEBOX("确实要删除该操作员的信息吗",1+48)
IF yes=1
    DELETE
    SKIP -1
    Thisform.Refresh
ENDIF
```

❖ 表格控件的 Column1 列中 Text1 文本框对象的 Valid 事件程序代码：

```
IF RECNO() = addrecno
    IF EMPTY(username)
        =MESSAGEBOX("操作员姓名不能为空！")
        RETURN 0
    ENDIF
    LOCATE FOR ALLTRIM(username) == ALLTRIM(This.Value)
    IF FOUND() and RECNO() <> addrecno
        = MESSAGEBOX("该姓名已存在，请重新输入！")
        GO addrecno
        RETURN 0
    ENDIF
ENDIF
```

10. 设计用来修改操作员密码的表单

创建"修改密码.scx"表单,该表单的基本功能是修改"操作员"表中指定记录(当前操作员)的 userpwd 字段的值,表单的设计界面如图 11.12 所示。

① 设计表单界面。
❖ 新建一个表单,以"修改密码.scx"为名保存表单。
❖ 在表单中添加相应的控件,最后的表单布局结果如图 11.16 所示。
❖ 按表 11.11 所示,设置表单及控件的必要属性。

表 11.11 更改本人密码表单及控件的有关属性

对象名称	属性名称	属性值
Form1(表单)	AutoCenter	.T. - 真
	Caption	更改本人密码
	WindowType	1 - 模式
Text1	PasswordChar	*
Text2	PasswordChar	*
Text3	PasswordChar	*

图 11.12 更改本人密码表单界面

② 编写"保存新密码"按钮的 Click 事件程序,程序代码如下:
```
LOCATE FOR username=curruser        &&curruser 是一个全局变量
                                     &&在系统登录时保存了的当前操作员的姓名
IF NOT ALLTRIM(userpwd) == ALLTRIM(Thisform.Text1.Value)
    = MESSAGEBOX("原密码输入有误,请重新输入!")
    Thisform.Text1.SelStart = 0
    Thisform.Text1.SelLength = LEN(Thisform.Text1.Value)
    Thisform.Text1.SetFocus
    RETURN
ELSE
    IF NOT ALLTRIM(Thisform.Text2.Value)==ALLTRIM(Thisform.Text3.Value)
        =MESSAGEBOX("两次输入的新密码不一致,请重新输入!")
        Thisform.Text2.Value=""
        Thisform.Text3.Value=""
        Thisform.Text2.SetFocus
        RETURN
    ELSE
        REPLACE userpwd WITH ALLTRIM(Thisform.Text2.Talue)
        = MESSAGEBOX("密码修改成功!")
        Thisform.Release
    ENDIF
ENDIF
```

11. 设计用来输出工资发放明细情况的报表

创建"工资清单.frx"报表，用来输出员工的工资明细情况，报表的设计界面如图 11.13 所示。

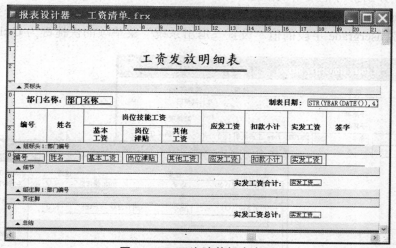

图 11.13　工资清单报表布局

① 在项目管理器的"文档"选项卡中选择"报表"，单击"新建"按钮，打开报表设计器。

② 按图 11.14 所示，设置报表的数据环境，在"工资表"的"编号"字段与"员工"表的"编号"索引间建立临时关系，在"员工"表的"部门编号"字段与"部门"表的"部门编号"索引间建立临时关系。将"员工"表的 Order 属性设置为"编号"。

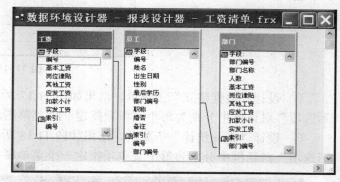

图 11.14　设置报表的数据环境

③ 以"工资清单.frx"为名，保存报表文件。

④ 对报表按"员工.部门编号"字段分组。

⑤ 使用报表控件工具栏和数据环境，按图 11.13 所示，设置报表中各带区的标签、域控件。制表日期为一个域控件，它的表达式为

STR(YEAR(DATE()),4)+"年"+ STR(MONTH(DATE()),2)+"月"

"实发工资合计："与"实发工资总计："这两个标签后面的域控件都是针对"实发工资"的计算字段，计算方式为求和。

⑥ 用线条控件等美化报表，保存设计结果。

12. 设计菜单

设计一个包含两级菜单的应用系统菜单，以 mainmenu.mnx 为名保存设计的菜单文件。

① 在项目管理器的"其他"选项卡中，选择"菜单"选项，单击"新建"按钮，打开菜单设计器。

② 设计主菜单栏，结果如图 11.15 所示。其中"工资报表"菜单项调用的命令为：

REPORT form 工资清单 PREVIEW

③ 设计"系统管理"子菜单，结果如图 11.16 所示。除了图中显示的内容外，在"提示选项"对话框中分别为每个菜单项指定一个菜单图片文件。设置"操作员管理"菜单项的"跳过"条件为"userjb<>"系统管理员""，userjb 是登录系统时定义的全局变量，保存当前操作员的操作员级别 usergrade 字段的值。设置"退出系统"菜单项的快捷键为 Ctrl+X。

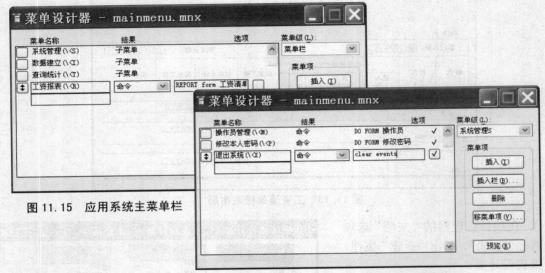

图 11.15 应用系统主菜单栏

图 11.16 "系统管理"子菜单

④ 设计"数据建立"子菜单，结果如图 11.17 所示。除了图中显示的内容以外，在"提示选项"对话框中分别为每个菜单项指定一个菜单图片文件。

⑤ 设计"查询统计"子菜单，结果如图 11.18 所示。除了图中显示的内容以外，在"提示选项"对话框中分别为每个菜单项指定一个菜单图片文件。

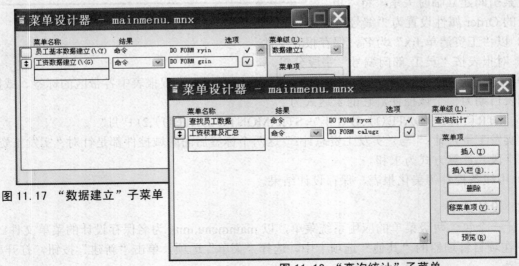

图 11.17 "数据建立"子菜单

图 11.18 "查询统计"子菜单

⑥ 生成 mainmenu.mpr 菜单程序。

13. 创建用户工具栏类

① 在项目管理器中创建一个新类，类名为 mytoolbar，父类为 Container（容器）类，存储在 myclass.vcx 类库中。

② 在项目管理器的"类"选项卡中，单击"新建"按钮。打开类设计器，设计用户工具栏类。

③ 向容器中添加 3 个命令按钮控件，并分别设置 3 个按钮的 Caption 和 Picture 属性，调整按钮的布局和容器的大小，结果如图 11.19 所示。

图 11.19　定义用户工具栏类

④ 编写各命令按钮的 Click 事件程序代码。

❖ "员工基本数据建立"按钮的 Click 事件程序代码：

DO FORM ryin

❖ "查找员工数据"按钮的 Click 事件程序代码：

DO FORM rycx

❖ "退出系统"按钮的 Click 事件程序代码：

CLEAR EVENTS

14. 设计系统登录表单

① 在项目管理器中创建一个 login.scx 表单，表单布局如图 11.20 所示。

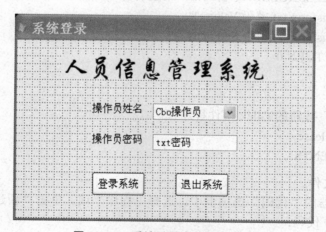

图 11.20　系统登录表单设计界面

② 将"操作员"表添加到数据环境中。

③ 如表 11.12 所示，设置表单及各控件属性。

表 11.12　系统登录表单及控件的属性设置

对象名称	属性名称	属 性 值	对象名称	属性名称	属 性 值
Form1 （表单）	AutoCenter	.T.-真	Cbo 操作员	RowSourceType	6-字段
	Caption	系统登录		RowSource	操作员.username
	WindowType	1-模式	txt 密码	PasswordChar	*
	Closable	.F.-假			

④ 编写两个命令按钮的事件程序代码。

❖ "登录系统"按钮的 Click 事件程序代码：

```
LOCATE  for  ALLTRIM(username)==ALLTRIM(Thisform.Cbo 操作员.Value)
IF  NOT  FOUND()
    =MESSAGEBOX("非法操作员，请重新输入！","错误信息")
    RETURN 0
ELSE
    IF  ALLTRIM(userpwd)==ALLTRIM(Thisform.txt 密码.Value)
        PUBLIC  curruser, userjb
        curruser = username
        userjb = ALLTRIM(usergrade)
        Thisform.Release
        DO  mainmenu.mpr
        SET  CLASSLIB  TO  myclass
        _Screen.AddObject("toolbar1","mytoolbar")
        _Screen.toolbar1.visible=.t.
    ELSE
        =MESSAGEBOX("密码错，请重新输入！","错误信息")
        Thisform.txt 密码.Value=""
        Thisform.txt 密码.SetFocus
        RETURN 0
    ENDIF
ENDIF
```

❖ "退出系统"按钮的 Click 事件程序代码：

```
Thisform.Release
CLEAR EVENTS
```

15. 创建程序文件

① 在项目管理器的"代码"选项卡中，选择"程序"项。单击"新建"按钮，打开代码编辑窗口，输入以下代码：

```
SET  TALK  OFF
SET  DATE  TO  YMD
SET  CENTURY  ON
SET  DELETED  ON
```

```
SET STATUS BAR OFF
_Screen.WindowState= 2
_Screen.Caption="员工信息管理"
_Screen.MaxButton=.f.
_Screen.MinButton=.f.
_Screen.Closable=.f.
SET SYSMENU OFF
DO FORM login
READ EVENTS
SET SYSMENU ON
SET SYSMENU TO DEFAULT
CLEAR ALL
```

② 以 rygl.PRG 为文件名，保存程序。

16. 设置主文件

在项目管理器中选择 rygl.PRG 程序，单击右键，在弹出的快捷菜单中执行"设置主文件"命令。

17. 连编生成应用程序

① 在项目管理器中单击"连编"按钮，打开"连编选项"对话框。

② 使用"连编选项"对话框生成可执行程序。

③ 在 Windows 操作系统界面下双击生成的可执行程序，运行程序，调试结果。

附　录

附录A　全国计算机等级考试二级 Visual FoxPro 考试大纲

一、基本要求

1. 具有数据库系统的基础知识。
2. 基本了解面向对象的概念。
3. 掌握关系数据库的基本原理。
4. 掌握数据库程序设计方法。
5. 能够使用 Visual FoxPro 建立一个小型数据库应用系统。

二、考试内容

(1) Visual FoxPro 基础知识

1. 基本概念：

数据库、数据模型、数据库管理系统、类和对象、事件、方法。

2. 关系数据库：

① 关系数据库：关系模型、关系模式、关系、元组、属性、域、主关键字和外部关键字。

② 关系运算：选择、投影、连接。

③ 数据的一致性和完整性：实体完整性、域完整性、参照完整性。

3. Visual FoxPro 系统特点与工作方式：

① Windows 版本数据库的特点。

② 数据类型和主要文件类型。

③ 各种设计器和向导。

④ 工作方式：交互方式(命令方式、可视化操作)和程序运行方式。

4. Visual FoxPro 的基本数据元素：

① 常量、变量、表达式。

② 常用函数：字符处理函数、数值计算函数、日期时间函数、数据类型转换函数、测试函数。

（2）Visual FoxPro 数据库的基本操作

1. 数据库和表的建立、修改与有效性检验：

① 表结构的建立与修改。

② 表记录的浏览、增加、删除与修改。

③ 创建数据库，向数据库添加或移出表。

④ 设定字段级规则和记录规则。

⑤ 表的索引：主索引、候选索引、普通索引、唯一索引。

2. 多表操作：

① 选择工作区。

② 建立表之间的关联：一对一的关联；一对多的关联。

③ 设置参照完整性。

④ 建立表间临时关联。

3. 建立视图与数据查询：

① 查询文件的建立、执行与修改。

② 视图文件的建立、查看与修改。

③ 建立多表查询。

④ 建立多表视图。

（3）关系数据库标准语言 SQL

1. SQL 的数据定义功能：

① CREATE TABLE—SQL。

② ALTER TABLE—SQL。

2. SQL 的数据修改功能：

① DELETE—SQL。

② INSERT—SQL。

③ UPDATE—SQL。

3. SQL 的数据查询功能：

① 简单查询。

② 嵌套查询。

③ 连接查询。

内连接，外连接，左连接，右连接，完全连接。

④ 分组与计算查询。

⑤ 集合的并运算。

（4）项目管理器、设计器和向导的使用

1. 使用项目管理器：

① 使用"数据"选项卡。

② 使用"文档"选项卡。

2. 使用表单设计器：

① 在表单中加入和修改控件对象。

② 设定数据环境。

3. 使用菜单设计器:

① 建立主选项。

② 设计子菜单

③ 设定菜单选项程序代码。

4. 使用报表设计器:

① 生成快速报表。

② 修改报表布局。

③ 设计分组报表。

④ 设计多栏报表。

5. 使用应用程序向导。

6. 应用程序生成器与连编应用程序。

(5) Visual FoxPro 程序设计

1. 命令文件的建立与运行:

① 程序文件的建立。

② 简单的交互式输入、输出命令。

③ 应用程序的调试与执行。

2. 结构化程序设计:

① 顺序结构程序设计。

② 选择结构程序设计。

③ 循环结构程序设计。

3. 过程与过程调用。

① 子程序设计与调用。

② 过程与过程文件。

③ 局部变量和全局变量、过程调用中的参数传递。

4. 用户定义对话框(MESSAGEBOX)的使用。

全国计算机等级考试二级 VFP 考试方式

上机考试,考试时长 120 分钟,满分 100 分。

1. 题型及分值

单项选择题 40 分(含公共基础知识部分 10 分)、操作题 60 分(包括基本操作题、简单应用题及综合应用题)。

2. 考试环境

Visual FoxPro 6.0

附录 B　全国计算机等级考试二级 Visual FoxPro 笔试试题

2011 年 3 月全国计算机等级考试二级笔试试卷 Visual FoxPro 数据库程序设计

(考试时间 90 分钟，满分 100 分)

一、选择题(每小题 2 分，共 70 分)

下列各题 A)、B)、C)、D)四个选项中，只有一个选项是正确的。请将正确选项填涂在答题卡相应位置上，答在试卷上不得分。

(1) 下列关于栈叙述正确的是
  A)栈顶元素最先能被删除　　　　　　B)栈顶元素最后才能被删除
  C)栈底元素永远不能被删除　　　　　D)以上三种说法都不对

(2) 下列叙述中正确的是
  A)有一个以上根结点的数据结构不一定是非线性结构
  B)只有一个根结点的数据结构不一定是线性结构
  C)循环链表是非线性结构
  D)双向链表是非线性结构

(3) 某二叉树共有 7 个结点，其中叶子结点只有 1 个，则该二叉树的深度为(假设根结点在第 1 层)
  A)3　　　　　　　B)4　　　　　　　C)6　　　　　　　D)7

(4) 在软件开发中，需求分析阶段产生的主要文档是
  A)软件集成测试计划　　　　　　　　B)软件详细设计说明书
  C)用户手册　　　　　　　　　　　　D)软件需求规格说明书

(5) 结构化程序所要求的基本结构不包括
  A)顺序结构　　　B)GOTO 跳转　　　C)选择(分支)结构　　　D)重复(循环)结构

(6) 下面描述中错误的是
  A)系统总体结构图支持软件系统的详细设计
  B)软件设计是将软件需求转换为软件表示的过程
  C)数据结构与数据库设计是软件设计的任务之一

D) PAD 图是软件详细设计的表示工具

(7) 负责数据库中查询操作的数据库语言是

A) 数据定义语言   B) 数据管理语言

C) 数据操纵语言   D) 数据控制语言

(8) 一个教师可讲授多门课程，一门课程可由多个教师讲授。则实体教师和课程间的联系是

A) 1:1 联系   B) 1:m 联系   C) m:1 联系   D) m:n 联系

(9) 有三个关系 R、S 和 T 如下：

	R				S			T
A	B	C			A	D		C
a	1	2			c	3		1
b	2	1						
c	3	1						

则由关系 R 和 S 得到关系 T 的操作是

A) 自然连接   B) 交   C) 除   D) 并

(10) 定义无符号整数类为 UInt, 下面可以作为类 T 实例化值的是

A) -369   B) 369   C) 0.369   D) 整数集合 {1, 2, 3, 4, 5}

(11) 在建立数据库表时给该表指定了主索引，该索引实现了数据完整性中的

A) 参照完整性   B) 实体完整性   C) 域完整性   D) 用户定义完整性

(12) 执行如下命令的输出结果是

? 15%4, 15%-4

A) 3 -1   B) 3 3   C) 1 1   D) 1 -1

(13) 在数据库表中，要求指定字段或表达式不出现重复值，应该建立的索引是

A) 唯一索引   B) 唯一索引和候选索引

C) 唯一索引和主索引   D) 主索引和候选索引

(14) 给 student 表增加一个"平均成绩"字段（数值型，总宽度 6，2 位小数）的 SQL 命令是

A) ALTER TABLE studeni ADD 平均成绩 N(6,2)

B) ALTER TABLE student ADD 平均成绩 D(6,2)

C) ALTER TABLE student ADD 平均成绩 E(6,2)

D) ALTER TABLE student ADD 平均成绩 Y(6,2)

(15) 在 Visual FoxPro 中，执行 SQL 的 DELETE 命令和传统的 FoxPro DELETE 命令都可以删除数据库表中的记录，下面正确的描述是

A) SQL 的 DELETE 命令删除数据库表中的记录之前，不需要先用 USE 命令打开表

B) SQL 的 DELETE 命令和传统的 FoxPro DELETE 命令删除数据库表中的记录之前，都需要先用 USE 命令打开表

C) SQL 的 DELETE 命令可以物理地删除数据库表中的记录，而传统的 FoxPro DELETE 命令只能逻辑删除数据库表中的记录

D) 传统的 FoxPro DELETE 命令还可以删除其它工作区中打开的数据库表中的记录

(16) 在 Visual FoxPro 中，如果希望跳出 SCAN…ENDSCAN 循环语句、执行 ENDSCAN 后面的语句，应使用

　　A)LOOP 语句　　　　B)EXIT 语句　　　C)BREAK 语句　　　D)RETURN 语句

(17) 在 Visual FoxPro 中，"表" 通常是指

　　A)表单　　　　　　B)报表　　　　　C)关系数据库中的关系　　D)以上都不对

(18) 删除 student 表的 "平均成绩" 字段的正确 SQL 命令是

　　A)DELETE TABLE student DELETE COLUMN 平均成绩

　　B)ALTER TABLE student DELETE COLUMN 平均成绩

　　C)ALTER TABLE student DROP COLUMN 平均成绩

　　D)DELETE TABLE student DROP COLUMN 平均成绩

(19) 在 Visual FoxPro 中，关于视图的正确描述是

　　A)视图也称作窗口

　　B)视图是一个预先定义好的 SQL SELECT 语句文件

　　C)视图是一种用 SQL SELECT 语句定义的虚拟表

　　D)视图是一个存储数据的特殊表

(20) 从 student 表删除年龄大于 30 的记录的正确 SQL 命令是

　　A)DELETE FOR 年龄>30

　　B)DELETE FROM student WHERE 年龄>30

　　C)DELETE student FOR 年龄>30

　　D)DELETE student WHERE 年龄>30

(21) 在 Vaual FoxPro 中，使用 "LOCATE FOR expL" 命令按条件查找记录，当查找到满足条件的第一条记录后，如果还需要查找下一条满足条件的记录，应该

　　A)再次使用 LOCATE 命令重新查询

　　B)使用 SKIP 命令

　　C)使用 CONTINUE 命令

　　D)使用 GO 命令

(22) 为了在报表中打印当前时间，应该插入的控件是

　　A)文本框控件　　　B)表达式　　　　C)标签控件　　　D)域控件

(23) 在 Visual FoxPro 中，假设 student 表中有 40 条记录，执行下面的命令后，屏幕显示的结果是

　　? RECCOUNT()

　　A)0　　　　　　　B)1　　　　　　　C)40　　　　　　D)出错

(24) 向 student 表插入一条新记录的正确 SQL 语句是

　　A)APPEND INTO student VALUES('0401', '王芳', '女', 18)

　　B)APPEND student VALUES('0401', '王芳', '女', 18)：

　　C)INSERT INTO student VALUES('0401', '王芳', '女', 18)

　　D)INSERT student VALUES('0401', '王芳', '女', 18)

(25) 在一个空的表单中添加一个选项按钮组控件，该控件可能的默认名称是

　　A)Optiongroup1　　B)Checkl　　　　C)Spinnerl　　　D)Listl

(26) 恢复系统默认菜单的命令是

A) SET MENU TO DEFAULT

B) SET SYSMENU TO DEFAULT

C) SET SYSTEM MENU TO DEFAULT

D) SET SYSTEM TO DEFAULT

(27) 在 Visual FoxPro 中，用于设置表单标题的属性是

A) Text   B) Title   C) Lable   D) Caption

(28) 消除 SQL SELECT 查询结果中的重复记录，可采取的方法是

A) 通过指定主关键字   B) 通过指定唯一索引

C) 使用 DISTINCT 短语   D) 使用 UNIQUE 短语

(29) 在设计界面时，为提供多选功能，通常使用的控件是

A) 选项按钮组   B) 一组复选框   C) 编辑框   D) 命令按钮组

(30) 为了使表单界面中的控件不可用，需将控件的某个属性设置为假，该属性是

A) Default   B) Enabled   C) Use   D) Enuse

第 (31) ～ (35) 题使用如下三个数据库表：

学生表：student (学号，姓名，性别，出生日期，院系)

课程表：course (课程号，课程名，学时)

选课成绩表：score (学号，课程号，成绩)

其中出生日期的数据类型为日期型，学时和成绩为数值型，其它均为字符型。

(31) 查询"计算机系"学生的学号、姓名、学生所选课程的课程名和成绩，正确的命令是

A) SELECT s.学号, 姓名, 课程名, 成绩 ;

   FROM student s, score sc, course c ;

   WHERE s.学号= sc.学号, sc.课程号=c.课程号, 院系='计算机系'

B) SELECT 学号, 姓名, 课程名, 成绩 ;

   FROM student s, score sc, course c ;

   WHERE s.学号=sc.学号 AND sc.课程号=c.课程号 AND 院系='计算机系' ;

C) SELECT s.学号, 姓名, 课程名, 成绩 ;

   FROM (student s JOIN score sc ON s.学号=sc.学号) ;

   JOIN course c ON sc.课程号=c.课程号 ;

   WHERE 院系='计算机系'

D) SELECT 学号, 姓名, 课程名, 成绩 ;

   FROM (student s JOIN score sc ON s.学号=sc.学号) ;

   JOIN course c ON sc.课程号=c.课程号 ;

   WHERE 院系='计算机系'

(32) 查询所修课程成绩都大于等于 85 分的学生的学号和姓名，正确的命令是

A) SELECT 学号, 姓名 FROM student s WHERE NOT EXISTS ;

   (SELECT * FROM score sc WHERE sc.学号=s.学号 AND 成绩<85)

B) SELECT 学号, 姓名 FROM student s WHERE NOT EXISTS ;

   (SELECT * FROM score sc WHERE sc.学号=s.学号 AND 成绩>= 85)

C)SELECT 学号, 姓名 FROM student s, score sc ;
　　WHERE s.学号=sc.学号 AND 成绩>= 85

D)SELECT 学号, 姓名 FROM student s, score sc ;
　　WHERE s.学号＝sc.学号 AND ALL 成绩>=85

(33) 查询选修课程在 5 门以上(含 5 门)的学生的学号、姓名和平均成绩,并按平均成绩降序排序,正确的命令是

A)SELECT s.学号, 姓名, 平均成绩 FROM student s, score sc ;
　　WHERE s.学号=sc.学号 ;
　　GROUP BY s.学号 HAVING COUNT(*)>=5 ORDER BY 平均成绩 DESC

B)SELECT 学号, 姓名, AVG(成绩) FROM student s, score sc ;
　　WHERE s.学号＝sc. 学号 AND COUNT(*)>=5 ;
　　GROUP BY 学号 ORDER BY 3 DESC

C)SELECT s.学号, 姓名, AVG(成绩)平均成绩 FROM student s, score sc ;
　　WHERE s.学号=sc.学号 AND COUNT(*)>= 5 ;
　　GROUP BY s.号 ORDER BY 平均成绩 DESC

D)SELECT s.学号, 姓名, AVG(成绩)平均成绩 FROM student s, score sc ;
　　WHERE s.学号=sc. 学号 ;
　　GROUP BY s.学号 HAVING COUNT(*)>=5 ORDER BY 3 DESC

(34) 查询同时选修课程号为 C1 和 C5 课程的学生的学号,正确的命令是

A)SELECT 学号 FROM score sc WHERE 课程号='C1' AND 学号 IN ;
　　(SELECT 学号 FROM score sc WHERE 课程号＝'C5')

B)SELECT 学号 FROM score sc WHERE 课程号='C1' AND 学号＝ ;
　　(SELECT 学号 FROM score sc WHERE 课程号＝'C5')

C)SELECT 学号 FROM score sc WHERE 课程号='C1' AND 课程号='C5' ;

D)SELECT 学号 FROM score sc WHERE 课程号='C1' OR 'C5'

(35) 删除学号为 "20091001" 且课程号为 "C1" 的选课记录,正确命令是

A)DELETE FROM score WHERE 课程号='C1' AND 学号='20091001'

B)DELETE FROM score WHERE 课程号='C1' OR 学号='20091001'

C)DELETE FORM score WHERE 课程号＝'C1' AND 学号='20091001'

D)DELETE score WHERE 课程号＝'C1' AND 学号='20091001'

二、填空题(每空 2 分, 共 30 分)

请将每一个空的正确答案写在答题卡【1】～【15】序号的横线上,答在试卷上不得分。

注意:以命令关键字填空的必须拼写完整。

(1) 有序线性表能进行二分查找的前提是该线性表必须是 __【1】__ 存储的。

(2) 一棵二叉树的中序遍历结果为 DBEAFC,前序遍历结果为 ABDECF,则后序遍历结果为 __【2】__ 。

(3) 对软件设计的最小单位(模块或程序单元)进行的测试通常称为 __【3】__ 测试。

(4) 实体完整性约束要求关系数据库中元组的 __【4】__ 属性值不能为空。

(5) 在关系 A(S, SN, D)和关系 B(D, CN, NM)中，A 的主关键字是 S，B 的主关键字是 D，则称____【5】____是关系 A 的外码。

(6) 表达式 EMPTY(. NULL.)的值是____【6】____。

(7) 假设当前表、当前记录的"科目"字段值为"计算机"(字符型)，在命令窗口输入如下命令将显示结果____【7】____。

m=科目-"考试"

? m

(8) 在 Visual FoxPro 中假设有查询文件 query1. qpr，要执行该文件应使用命令____【8】____。

(9) SQL 语句"SELECT TOP 10 PERCENT*FROM 订单 ORDER BY 金额 DESC"的查询结果是订单中金额____【9】____的 10%的订单信息。

(10) 在表单设计中，关键字____【10】____表示当前对象所在的表单。

(11) 使用 SQL 的 CREATE TABLE 语句建立数据库表时，为了说明主关键字应该使用关键词____【11】____KEY。

(12) 在 Visual FoxPro 中，要想将日期型或日期时间型数据中的年份用 4 位数字显示，应当使用 SET CENTURY____【12】____命令进行设置。

(13) 在建立表间一对多的永久联系时，主表的索引类型必须是____【13】____。

(14) 为将一个表单定义为顶层表单，需要设置的属性是____【14】____。

(15) 在使用报表向导创建报表时，如果数据源包括父表和子表，应该选取____【15】____报表向导。

2011 年 3 月笔试试题答案

(仅供参考)

一、选择题

1-5. ABDDB   6-10. DCDCD   11-15. BADAA

16-20. BCCAB   21-25. CDACA   26-30. BDCBB

31-35. CADAA

二、填空题

1. 顺序   2. DEBFCA   3. 单元   4. 主键

5. D   6. .F.   7. 计算机考试

8. do query1.qpr   9. 最高   10. thisform   11. primary

12. on   13. 主索引   14. Showwindow   15. 一对多

2011年9月全国计算机等级考试二级笔试试卷
Visual FoxPro数据库程序设计

（考试时间90分钟，满分100分）

一、选择题（每小题2分，共70分）

下列各题A)、B)、C)、D)四个选项中，只有一个选项是正确的。请将正确选项填涂在答题卡相应位置上，答在试卷上不得分。

(1) 下列叙述中正确的是
   A)算法就是程序
   B)设计算法时只需要考虑数据结构的设计
   C)设计算法时只需要考虑结果的可靠性
   D)以上三种说法都不对

(2) 下列关于线性链表的叙述中，正确的是
   A)各数据结点的存储空间可以不连续，但它们的存储顺序与逻辑顺序必须一致
   B)各数据结点的存储顺序与逻辑顺序可以不一致，但它们的存储空间必须连续
   C)进行插入与删除时，不需要移动表中的元素
   D)以上三种说法都不对

(3) 下列关于二叉树的叙述中，正确的是
   A)叶子结点总是比度为2的结点少一个
   B)叶子结点总是比度为2的结点多一个
   C)叶子结点数是度为2的结点数的两倍
   D)度为2的结点数是度为1的结点数的两倍

(4) 软件按功能可以分为应用软件、系统软件和支撑软件(或工具软件)。下面属于应用软件的是
   A)学生成绩管理系统   B)C语言编译程序
   C)UNIX操作系统   D)数据库管理系统

(5) 某系统总体结构如下图所示：

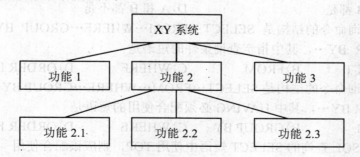

该系统总体结构图的深度是
   A) 7   B) 6   C) 3   D) 2

(6) 程序调试的任务是

A) 设计测试用例   B) 验证程序的正确性

C) 发现程序中的错误   D) 诊断和改正程序中的错误

(7) 下列关于数据库设计的叙述中，正确的是

A) 在需求分析阶段建立数据字典   B) 在概念设计阶段建立数据字典

C) 在逻辑设计阶段建立数据字典   D) 在物理设计阶段建立数据字典

(8) 数据库系统的三级模式不包括

A) 概念模式   B) 内模式   C) 外模式   D) 数据模式

(9) 有三个关系 R、S 和 T 如下：

R

A	B	C
a	1	2
b	2	1
c	3	1

S

A	B	C
a	1	2
b	2	1

T

A	B	C
c	3	1

则由关系 R 和 S 得关系 T 的操作是

A) 自然连接   B) 差   C) 交   D) 并

(10) 下列选项中属于面向对象设计方法主要特征的是

A) 继承   B) 自顶向下   C) 模块化   D) 逐步求精

(11) 在创建数据库表结构时，为了同时定义字体实体完整性可以通过指定哪类索引来实现

A) 唯一索引   B) 主索引   C) 复合索引   D) 普通索引

(12) 关系运算中选择某些列形成新的关系的运算是

A) 选择运算   B) 投影运算   C) 交运算   D) 除运算

(13) 在数据库中建立索引的目的是

A) 节省存储空间   B) 提高查询速度

C) 提高查询和更新速度   D) 提高更新速度

(14) 假设变量 a 的内容是"计算机软件工程师"，变量 b 的内容是"数据库管理员"，表达式的结果为"数据库工程师"的是

A) left(b,6)   B) substr(b,1,3) -substr(a,6,3)

C) A 和 B 都是   D) A 和 B 都不是

(15) SQL 查询命令的结构是 SELECT…FROM…WHERE…GROUP BY…HAVING…ORDER BY…，其中指定查询条件的短语是

A) SELECT   B) FROM   C) WHERE   D) ORDER BY

(16) SQL 查询命令的结构是 SELECT…FROM…WHERE…GROUP BY…HAVING…ORDER BY…，其中 HAVING 必须配合使用的短语是

A) FROM   B) GROUP BY   C) WHERE   D) ORDER BY

(17) 如果在 SQL 查询的 SELECT 短语中使用 TOP，则应该配合使用

A) HAVING 短语   B) GROUP BY 短语

C) WHERE 短语   D) ORDER BY 短语

(18) 删除表 s 中字段 c 的 SQL 命令是

A) ALTER TABLE s DELETE c   B) ALTER TABLE s DROP c

C) DELETE TABLE s DELETE c   D) DELETE TABLE s DROP c

(19) 在 Visual FoxPro 中，以下描述中正确的是

A) 对表的所有操作，都不需要使用 USE 命令先打开表

B) 所有 SQL 命令对表的所有操作都不需要使用 USE 命令先打开表

C) 部分 SQL 命令对表的所有操作都不需要使用 USE 命令先打开表

D) 传统的 FoxPro 命令对表的所有操作都不需要使用 USE 命令先打开表

(20) 在 Visual FoxPro 中，如果希望跳出 SCAN…ENDSCAN 循环体，执行 ENDSCAN 后面的语句，应使用

A) LOOP 语句   B) EXIT 语句

C) BREAK 语句   D) RETURN 语句

(21) 在 Visual FoxPro 中，为了使表具有更多的特性应该使用

A) 数据库表   B) 自由表

C) 数据库表或自由表   D) 数据库表和自由表

(22) 在 Visual FoxPro 中，查询设计器和视图设计器很像，如下描述正确的是

A) 使用查询设计器创建的是一个包含 SQL SELECT 语句的文本文件

B) 使用视图设计器创建的是一个包含 SQL SELECT 语句的文本文件

C) 查询和视图有相同的用途

D) 查询和视图实际都是一个存储数据的表

(23) 使用 SQL 语句将表 s 中字段 price 的值大于 30 的记录删除，正确的命令是

A) DELETE FROM s FOR price>30   B) DELETE FROM s WHERE price>30

C) DELETE s FOR price>30   D) DELETE s WHERE price>30

(24) 在 Visual FoxPro 中，使用 SEEK 命令查找匹配的记录，当查找到匹配的第一条记录后，如果还需要查找下一条匹配的记录，通常使用命令

A) GOTO   B) SKIP   C) CONTINUE   D) GO

(25) 假设表 s 中有 10 条记录，其中字段 b 小于 20 的记录有三条，大于等于 20 并且小于等于 30 的记录有 3 条，大于 30 的记录有 4 条，执行下面的程序后，屏幕显示的结果是

SET DELETE ON

DELETE FROM s WHERE b BETWEEN 20 AND 30

? RECCOUNT()

A) 10   B) 7   C) 0   D) 3

(26) 正确的 SQL 插入命令的语法格式是

A) INSERT…VALUES   B) INSERT TO…VALUES

B) INSERT INTO…VALUES   D) INSERT…VALUES

(27) 建立表单的命令是

A) CREATE FORM   B) CREATE TABLE

C) NEW FORM   D) NEW TABLE

(28) 假设某个表单中有一个复选项(CheckBox1)和一个命令按钮 Command1，如果要在 Command1 的 Click 事件代码中取得复选框的值，以判断该复选框是否被用户选择，正确的表达式是

A) This.CheckBox1.Value   B) ThisForm.CheckBox1.Value

C) This.CheckBox1.Selected   D) ThisForm.CheckBox1.Selected

(29) 为了使命令按钮在界面运行时显示"运行",需要设置该命令按钮的哪个属性

     A) Text   B) Title   C) Display   D) Capion

(30) 在 Visual Foxpro 中，如果在表之间的联系中设置了参照完整性规则，并在删除规则中选择了"级联"，当删除父表中的记录，其结果是

     A) 只删除父表中的记录，不影响子表

     B) 任何时候都拒绝删除父表中的记录

     C) 在删除父表中记录的同时自动删除子表中的所有参照记录

     D) 若子表中有参照记录，则禁止删除父表中记录

(31) SQL 语句中，能够判断"订购日期"字段是否为空值的表达式是

     A) 订购日期＝NULL   B) 订购日期＝EMPTY

     C) 订购日期 IS NULL   D) 订购日期 IS EMPTY

第(32)～(35)题使用如下 3 个表：

     商店(商店号，商店名，区域名，经理姓名)

     商品(商品号，商品名，单价)

     销售(商店号，商品号，销售日期，销售数量)

(32) 查询在"北京"和"上海"区域的商店信息的正确命令是

     A) SELECT * FROM 商店 WHERE 区域名='北京' AND 区域名='上海'

     B) SELECT * FROM 商店 WHERE 区域名＝'北京' OR 区域名='上海'

     C) SELECT * FROM 商店 WHERE 区域名='北京' AND '上海'

     D) SELECT * FROM 商店 WHERE 区域名＝'北京' OR '上海'

(33) 查询单价最高的商品销售情况，查询结果包括商品号，商品名，销售日期，销售数量和销售金额。正确命令是

     A) SELECT 商品.商品号,商品名,销售日期,销售数量,销售数量*单价 AS 销售金额 ；

         FROM 商品 JOIN 销售 ON 商品.商品号＝销售.商品号 ；

         WHERE 单价=(SELECT MAX(单价) FROM 商品)

     B) SELECT 商品.商品号,商品名,销售日期,销售数量,销售数量*单价 AS 销售金额 ；

         FROM 商品 JOIN 销售 ON 商品.商品号＝销售.商品号 ；

         WHERE 单价=MAX(单价)

     C) SELECT 商品.商品号,商品名,销售日期,销售数量,销售数量*单价 AS 销售金额 ；

         FROM 商品 JOIN 销售 WHERE 单价=(SELECT MAX(单价) FROM 商品)

     D) SELECT 商品.商品号,商品名,销售日期,销售数量,销售数量*单价 AS 销售金额 ；

         FROM 商品 JOIN 销售 WHERE 单价=MAX(单价)

(34) 查询商品单价在 10 到 50 之间，并且日销售数量高于 20 的商品名，单价，销售日期和销售数量，查询结果按单价降序排列，正确命令是

     A) SELECT 商品名,单价,销售日期,销售数量 FROM 商品 JOIN 销售 ；

         WHERE (单价 BETWEEN 10 AND 50) AND 销售数量>20 ；

         ORDER BY 单价 DESC

     B) SELECT 商品名,单价,销售日期,销售数量 FROM 商品 JOIN 销售 ；

```
    WHERE(单价 BETWEEN 10 AND 50)　AND　销售数量>20;
    ORDER BY　单价
```
C）SELECT 商品名,单价,销售日期,销售数量 FROM 商品　JOIN 销售；
　　WHERE(单价 BETWEEN 10 AND 50)AND 销售数量>20;
　　ON　商品.商品号=销售.商品号　ORDER BY　单价

D）SELECT 商品名,单价,销售日期,销售数量 FROM 商品　JOIN 销售；
　　WHERE(单价 BETWEEN 10 AND 50)　AND　销售数量>20;
　　AND　商品.商品号=销售.商品号　ORDER BY　单价　DESC

(35) 查询销售金额登记超过 20000 的商店,查询结果包括商店名和销售金额合计,正确命令是

A）SELECT 商店名, SUM(销售数量*单价) AS 销售金额合计；
　FROM　商店,商品,销售；
　WHERE 销售金额合计 20000

B）SELECT　商店名, SUM(销售数量*单价) AS 销售金额合计>20000；
　FROM 商店,商品,销售；
　WHERE 商品.商品号=销售.商品号　AND　商店.商店号=销售.商店号

C）SELECT 商店名, SUM(销售数量*单价) AS 销售金额合计 FROM 商店,商品,销售；
　WHERE 商品.商品号=销售.商品号 AND 商店.商店号=销售.商店号；
　AND SUM(销售数量*单价)>20000　GROUPBY　商店名

D）SELECT 商店名, SUM(销售数量*单价) AS　销售金额合计；
　FROM　商店,商品,销售；
　WHERE　商品.商品号=销售.商品号　AND　商店.商店号=销售.商店号；
　GROUP BY 商店名 HAVING SUM(销售数量*单价)>20000

二、填空题(每空 2 分,共 30 分)

请将每一个空的正确答案写在答题卡(1)~(15)序号的横线上,答在试卷上不得分。

注意:以命令关键字填空的必须拼写完整。

(1) 数据结构分为线性结构与非线性结构,带链的栈属于___【1】___。

(2) 在长度为 n 的顺序存储的线性表中插入一个元素,最坏情况下需要移动表中___【2】___。

(3) 常见的软件开发方法有结构化方法和面向对象方法。对某应用系统经过需求分析建立数据图(DFD),则应采用___【3】___方法。

(4) 数据库系统的核心是___【4】___。

(5) 在进行关系数据库的逻辑设计时,E-R 图中的属性常被转换为关系中的属性,联系通常被转换为___【5】___。

(6) 为了使日期的年份显示 4 位数字应该使用 SETCENTURY___【6】___命令进行设置.

(7) 在 Visual FoxPro 中可以使用命令 DIMENSION 或___【7】___说明数组变量。

(8) 在 Visual FoxPro 中表达式(1+2)^(1+2/2+2)的运算结果是___【8】___。

(9) 如下程序的运行结果是___【9】___。

```
CLEAR
STORE 100 TO x1,x2
```

```
SET UDFPARMS TO VAL
DO p4 WITH x1,(x2)
?x1,x2
*过程 p4
PROCEDURE p4
    PARAMETERS  x1,x2
    STORE x1+1 TO x1
    STORE x2+1 TO x2
ENDPROC
```

(10) 在 Visual FoxPro 中运行表单的命令是 __【10】__。

(11) 为了使表单在运行时居中显示，应该将其 __【11】__ 属性设置为逻辑真。

(12) 为了在表单运行时能够输入密码应该使用 __【12】__ 控件。

(13) 菜单定义文件的扩展名是 mnx，菜单程序文件的扩展名是 __【13】__。

(14) 在 Visual FoxPro 中创建快速报表时，基本带区包括页标头、细节和 __【14】__。

(15) 在 Visual FoxPro 中建立表单应用程序环境时，显示出初始的用户界面之后，需要建立一个事件循环来等待用户的交互动作，完成该功能的命令是 __【15】__，该命令使 Visual FoxPro 开始处理诸如单击鼠标，键盘输入等用户事件。

2011 年 9 月笔试试题答案

（仅供参考）

一、选择题

1- 5. DCBAC	6-10. DCDBA	11-15. BBBDC
16-20. BDBBB	21-25. AABBA	26-30. CABDC
31-35. CBADD		

二、填空题

1. 线性结构	2. n	3. 结构化	
4. 数据库管理系统	5. 关系	6. on	7. Declare
8. 81	9. 101 100	10. do form	11. AutoCenter
12. 文本框	13. .mpr	14. 页注脚	15. read events

附录 C 全国计算机等级考试二级 Visual FoxPro 上机试题

试题 1

一、基本操作（共 4 小题，第 1、2 题是 7 分、第 3、4 题是 8 分，计 30 分）

1. 创建一个新的项目 sdb_p，并在该项目中创建数据库 sdb。

2. 将考生文件夹下的自由表 student 和 sc 添加到 sdb 数据库中。

3. 在 sdb 数据库中建立 course 表，表结构如下：

字段名	类型	宽度
课程号	字符型	2
课程名	字符型	20
学时	数值型	2

然后向表中输入 6 条记录，记录内容如下（注意大小写）：

课程号	课程名	学时
c1	C++	60
c2	Visual FoxPro	80
c3	数据结构	50
c4	JAVA	40
c5	Visual BASIC	40
c6	OS	60

4. 为 course 表创建一个主索引，索引名为 cno，索引表达式为"课程号"。

二、简单应用（共 2 小题，每题 20 分，计 40 分）

1. 根据 sdb 数据库中的表，用 SQL SELECT 命令查询学生的学号、姓名、课程名和成绩，结果按"课程名"升序排序，"课程名"相同时按"成绩"降序排序，并将查询结果存储到 sclist 表中。

2. 使用表单向导选择 student 表生成一个名为 form1 的表单。要求选择 student 表中所有字段，表单样式为"阴影式"；按钮类型为"图片按钮"；排序字段选择"学号"（升序）；表单标题为"学生基本数据输入维护"。

三、综合应用（共 2 小题，每题 15 分，计 30 分）

1. 打开基本操作中建立的 sdb 数据库，使用 SQL 的 CREATE VIEW 命令定义一个名称为 sview 的视图，该视图的 SELECT 语句完成查询：选课门数是 3 门以上（不包含 3 门）的学生的学号、姓名、平均成绩、最低分和选课门数，并按"平均成绩"降序排序。最后将定义视图的命令代码存放到 t1.prg 命令文件中，并执行该文件。接着利用报表向导制作一个报表。要求选择 sview 视图中所有字段；记录不分组；报表样式为"随意式"，排序字段为"学号"（升序）；报表标题为"学生成绩统计一览表"；报表文件名为 pstudent。

2. 设计一个名为 form2 的表单，表单上有"浏览"（名称为 Command1）和"打印"（名称为 Command2）两个命令按钮。鼠标单击"浏览"命令按钮时，先打开 sdb 数据库，然后执行 SELECT 语句查询前面定义的 sview 视图中的记录（只有两条命令，不可以有多余命令），鼠标单击"打印"命令按钮时，调用 pstudent 报表文件浏览报表的内容（只有一条命令，不可以有多余命令）。

试题 2

一、基本操作（共 4 小题，第 1、2 题是 7 分、第 3、4 题是 8 分，计 30 分）

1. 打开 score_manager 数据库，该数据库中包含三个有联系的表 student、score1 和 course，根据已经建立好的索引，建立表之间的联系。

2. 为 course 表增加字段：开课学期（N，2，0）。

3. 为 score1 表的"成绩"字段设置有效性规则：成绩>=0，出错提示信息是："成绩必须大于或等于零。"

4. 把 score1 表"成绩"字段的默认值设置为空值（NULL）。

二、简单应用（共 2 小题，每题 20 分，计 40 分）

1. 在 score_manager 数据库查询学生的姓名和年龄，计算年龄的公式是："2003-year（出生日期）"，年龄作为字段名，结果保存在一个 new_table1 新表中。使用报表向导建立 new_report1 报表，用报表显示 new_table1 的内容。报表中数据按年龄升序排列，报表的标题是"姓名-年龄"，其余参数使用缺省参数。

2. 在 score_manager 数据库中查询没有选修任何课程的学生信息，查询结果包括"学号"、"姓名"和"系部"字段，查询结果按学号升序保存在一个新表 new_table2 中。

三、综合应用（本题 30 分）

score_manager 数据库中包含 student、score1 和 course 三个数据库表。

为了对 score_manager 数据库进行查询，设计一个如图 C.1 所示的表单 myform1（对象名为 form1，表单文件名为 myform.scx）。表单的标题为"成绩查询"。表单左侧有"输入学号"标签（名称为 Label1）和用于输入学号的文本框（名称为 Text1）以及"查询"（名称为 Command1）

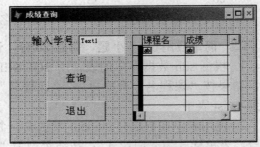

图 C.1 设计的表单界面

和"退出"（名称为 Command2）两个命令按钮以及 1 个表格控件。

运行表单时，用户首先在文本框中输入学号，然后单击"查询"按钮，如果输入的学号正确，在表单右侧以表格（名称为 Grid1）形式显示该生所选课程名和成绩，否则提示"学号不存在，请重新输入学号"。

试题 3

一、基本操作（共 4 小题，第 1、2 题是 7 分、第 3、4 题是 8 分，计 30 分）

1. 依据 score_manager 数据库，使用查询向导建立一个含有学生"姓名"和"出生日期"字段的 query3_1.qpr 标准查询。

2. 从 score_manager 数据库中删除 new_view3 视图。

3. 用 SQL 命令向 score1 表插入一条记录：学号为"993503433"，课程号为"0001"，成绩是 99。

4. 打开 myform3_4 表单，向其中添加一个"关闭"（名称为 Command1）命令按钮，单击此按钮，关闭表单。

二、简单应用（共 2 小题，每题 20 分，计 40 分）

1. 建立 new_view 视图，该视图含有选修了课程但没有参加考试（"成绩"字段值为 NULL）的学生信息（包括"学号"、"姓名"、"系部" 3 个字段）。

2. 建立 myform3 表单，在表单上添加表格控件（名称为 grdCourse），并通过该控件显示 course 表的内容（要求 RecordSourceType 属性必须为 0）。

三、综合应用（本题 30 分）

利用菜单设计器建立一个 tj_menu3 菜单，要求如下：

① 主菜单（条形菜单）的菜单项包括"统计"和"退出"两项。

② "统计"菜单下只有一个"平均"菜单项，该菜单项的功能是统计各门课程的平均成绩，统计结果包含"课程名"和"平均成绩"两个字段，并将统计结果按课程名以升序保存在 new_table32 表中。

③ "退出"菜单项的功能是返回 Visual FoxPro 系统菜单。

菜单建立后，生成菜单，运行该菜单中各个菜单项。

试题 4

一、基本操作（共 4 小题，第 1、2 题是 7 分、第 3、4 题是 8 分，计 30 分）

1. 将 rate_exchange 和 currency_sl 自由表添加到 rate 数据库中。

2. 为 rate_exchange 表建立一个主索引，为 currency_sl 表建立一个普通索引（升序），两个索引的索引名和索引表达式均为"外币代码"。

3. 为 currency_sl 表设定有效性规则："持有数量 <>0"，错误提示信息是"持有数量不能为 0"。

4. 打开 test_form 表单文件，该表单的界面如图 D.2 所示，请修改"登陆"命令按钮的有关属性，使其在

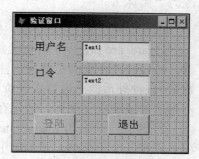

图 C.2　表单界面

运行时可用。

二、简单应用(共 2 小题，每题 20 分，计 40 分)

1. 用 SQL 语句完成下列操作：列出"林诗因"持有的所有外币名称(取自 rate_exchange 表)和持有数量(取自 currency_sl 表)，并将检索结果按持有数量升序排序存储于 rate_temp 表中，同时将你所使用的 SQL 语句存储于新建的 rate.txt 文本文件中。

2. 使用一对多报表向导建立报表。要求父表为 rate_exchange，子表为 currency_sl，从父表中选择"外币名称"字段；从子表中选择全部字段；两个表通过"外币代码"字段建立联系；按"外币代码"降序排序；报表样式为"经营式"，方向为"横向"，报表标题为"外币持有情况"，生成的报表文件名为 currency_report。

三、综合应用(本题 30 分)

设计一个表单名和文件名均为 currency_form 的表单，所有控件的属性必须在表单设计器中的属性窗口中设置。表单的标题为"外币市值情况"。表单中有两个文本框(Text1 和 Text2)、两个命令按钮"查询"(Command1)和"退出"(Command2)。

运行表单时，在 Text1 文本框中输入某人姓名，然后单击"查询"命令按钮，则在 Text2 中会显示出他所持有的全部外币相当于人民币的价值数量。注意，某种外币相当于人民币数量的计算公式是：人民币价值数量=该种外币的"现钞买入价"*该种外币的"持有数量"。

单击"退出"命令按钮关闭表单。

试题 5

一、基本操作(共 4 小题，第 1、2 题是 7 分、第 3、4 题是 8 分，计 30 分)

1. 新建一个名称为"外汇数据"的数据库。

2. 将 rate_exchange 和 currency_sl 自由表添加到数据库中。

3. 通过"外币代码"字段为 rate_exchange 和 currency_sl 表建立永久性联系。(如果有必要，应建立相关索引。)

4. 打开 test_form 表单文件，该表单的界面如图 C.3 所示，请将"用户名"和"口令"标签的字体都改为"黑体"。

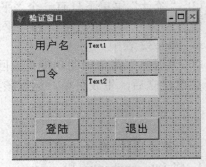

图 C.3　表单界面

二、简单应用(共 2 小题，每题 20 分，计 40 分)

1. rate_pro.prg 程序的功能是计算出"林诗因"所持有的全部外币相当于人民币的价值数量，summ 中存放的是结果。注意，某种外币相当于人民币数量的计算公式是：人民币价值数量=该种外币的"现钞买入价"*该种外币的"持有数量"。请在指定位置修改程序的语句，不得增加或删除程序行，请保存所做的修改。

2. 建立一个名为 menu_rate 的菜单，菜单中有"查询"和"退出"两个菜单项。"查询"项下还有一个子菜单，子菜单中有"日元"、"欧元"、"美元"三个选项。在"退出"菜单项下创建过程，该过程负责返回系统菜单。

三、综合应用（本题 30 分）

设计一个文件名和表单名均为 myrate 的表单，所有控件的属性必须在表单设计器的属性窗口中设置。表单标题为"外汇持有情况"。表单中有一个选项组控件（名称为 Myoption）和两个命令按钮"统计"（Command1）和"退出"（Command2）。其中，选项组控件有三个按钮"日元"、"美元"和"欧元"。

运行表单时，首先在选项组控件中选择"日元"、"美元"或"欧元"。单击"统计"命令按钮后，根据选项组控件的选择将持有相应外币的人的姓名和持有数量分别存入 rate_ry.dbf（日元）或 rate_my.dbf（美元）或 rate_oy.dbf（欧元）表中。

单击"退出"按钮时关闭表单。

表单建成后，要求运行表单，并分别统计"日元"、"美元"和"欧元"的持有数量。

试题 6

一、基本操作（共 4 小题，第 1、2 题是 7 分、第 3、4 题是 8 分，计 30 分）

1. 建立一个名称为"外汇管理"的数据库。

2. 将 currency_sl.dbf 和 rate_exchange.dbf 表添加到新建立的数据库中。

3. 将 rate_exchange.dbf 表中"卖出价"字段的名称改为"现钞卖出价"。

4. 通过"外币代码"字段建立 rate_exchange.dbf 表和 currency_sl.dbf 表之间的一对多永久联系（需要首先建立相关索引）。

二、简单应用（共 2 小题，每题 20 分，计 40 分）

1. 在建立的"外汇管理"数据库中利用视图设计器建立满足如下要求的视图：

① 视图按顺序包含列 currency_sl.姓名、rate_exchange.外币名称、currency_sl.持有数量和表达式"rate_exchange.基准价*currency_sl.持有数量"。

② 按"rate_exchange.基准价*currency_sl.持有数量"的值降序排列。

③ 将视图保存为 view_rate。

2. 使用 SQL 的 SELECT 语句完成一个汇总查询，结果保存在 results.dbf 表中，该表中含有"姓名"和"人民币价值"两个字段（其中"人民币价值"为持有外币的"rate_exchange.基准价*currency_sl.持有数量"的合计），结果按"人民币价值"降序排序。

三、综合应用（本题 30 分）

设计一个表单，所有控件的属性必须在表单设计器的属性窗口中设置。表单文件名为"外汇浏览"。表单界面如图 C.4 所示，其中：

① "输入姓名"为 Label1 标签控件。

② 表单标题为"外汇查询"。

③ 文本框的名称为 Text1，用于输入要查询的姓名，如张三丰。

④ 表格控件的名称为 Grid1，用于显示所查询人持有的外币名称和持有数量，RecordSourceType

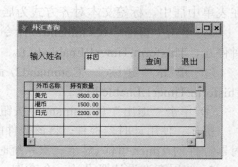

图 C.4　运行的表单界面样式

的属性设置为 4-SQL 说明。

⑤ "查询"命令按钮的名称为 Command1, 单击该按钮时在 Grid1 表格控件中按持有数量升序显示所查询人持有的外币名称和数量, 并将结果存储在以姓名命名的 dbf 表文件中, 如张三丰.dbf。

⑥ "退出"命令按钮的名称为 Command2, 单击该按钮时关闭表单。

完成以上表单设计后, 运行该表单, 并分别查询"林因"、"张丰"和"李欢"所持有的外币名称和持有数量。

试题 7

一、基本操作(共 4 小题, 第 1、2 题是 7 分、第 3、4 题是 8 分, 计 30 分)

1. 用 SQL 语句从 rate_exchange.dbf 表中提取"外币名称"、"现钞买入价"和"卖出价"三个字段的值并将结果存入 rate_ex.dbf 表(字段顺序为"外币名称"、"现钞买入价"和"卖出价", 字段类型和宽度与原表相同, 记录顺序与原表相同), 并将相应的 SQL 语句保存到 one.txt 文本文件中。

2. 用 SQL 语句将 rate_exchange.dbf 表中外币名称为"美元"的卖出价修改为 829.01, 将相应的 SQL 语句保存到 two.txt 文本文件中。

3. 利用报表向导根据 rate_exchange.dbf 表生成一个外汇汇率报表, 报表按顺序包含外币名称、现钞买入价和卖出价三种数据, 报表的标题为"外汇汇率"(其他使用默认设置), 生成的报表文件保存为 rate_exchange。

4. 打开生成的 rate_exchange 报表文件进行修改, 使显示在标题区域的日期改在每页的注脚区显示。

二、简单应用(共 2 小题, 每题 20 分, 计 40 分)

1. 设计一个如图 C.5 所示的时钟应用程序, 具体要求如下:

表单名和文件名均为 Timer, 表单标题为"时钟", 运行表单时自动显示系统的当前时间。

Timer1.Timer 事件的代码:

  Thisform.Label1.Caption=TIME()

① 显示时间的控件为 Label1 标签控件(要求在表单中居中, 标签文本对齐方式为居中)。

② 单击"暂停"(Command1)命令按钮时, 时钟停止, Thisform.Timer1.Enabled=.f.。

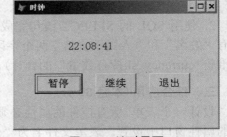

图 C.5　计时界面

③ 单击"继续"(Command2)命令按钮时, 时钟继续显示系统的当前时间, Thisform.Timer1.Enabled=.t.。

④ 单击"退出"(Command3)按钮时关闭表单。

提示: 使用计时器控件, 将该控件的 Interval 属性设置为 500, 即每 500 毫秒触发一次计时器控件的 Timer 事件(显示一次系统时间)。

2. 使用查询设计器设计一个查询, 要求如下:

① 数据来源于 currency_sl.dbf 和 rate_exchange.dbf 自由表。

② 按顺序包含"姓名"、"外币名称"、"持有数量"、"现钞买入价"字段及"现钞买入价
*持有数量"表达式。

③ 先按"姓名"升序排序，再按"持有数量"降序排列。

④ 查询去向为 results.dbf 表。

⑤ 完成设计后，将查询保存为 query 文件，并运行该查询。

三、综合应用（本题 30 分）

设计一个满足如下要求的应用程序，所有控件的属性必须在表单设计器的属性窗口中设置。

1. 建立一个表单，表单名和文件名均为 form1，表单标题为"外汇"。

2. 表单中含有一个页框（Pageframe1）控件和一个"退出"（Command1）命令按钮。

3. 页框控件（Pageframe1）中含有三个页面，每个页面都通过一个表格控件显示有关信息：

① 第 1 个页面 Page1 上的标题为"持有人"，其上的表格名为 Grdcurrency_sl，记录源的
类型（RecordSourceType）为表，显示 currency_sl 自由表的内容。

② 第 2 个页面 Page2 上的标题为"外汇汇率"，其上的表格名为 Grdrate_exchange，记
录源的类型（RecordSourceType）为表，显示 rate_exchange 自由表的内容。

③ 第 3 个页面 Page3 上的标题为"持有量及价值"，其上的表格名为 Grade1，记录源的类
型（RecordSourceType）为查询，记录源（RecordSource）为"简单应用"题目中建立的 query 查询
文件。

试题 8

一、基本操作（共 4 小题，第 1、2 题是 7 分、第 3、4 题是 8 分，计 30 分）

1. 打开"订货管理"数据库，将 order_list 表添加到该数据库中。

2. 在"订货管理"数据库中建立 order_detail 表，表结构如下：

订单号　　　　字符型（6）

器件号　　　　字符型（6）

器件名　　　　字符型（16）

单价　　　　　浮点型（10，2）

数量　　　　　整型

3. 为新建立的 order_detail 表建立一个普通索引，索引名和索引表达式均是"订单号"。

4. 建立 order_list 表和 order_detail 表间的永久联系（通过"订单号"字段）。

二、简单应用（共 2 小题，每题 20 分，计 40 分）

1. 将 order_detail1 表中的全部记录追加到 order_detail 表中，然后用 SQL 的 SELECT 语
句完成查询：列出所有订购单的订单号、订购日期、器件号、器件名和总金额（按订单号升序
排序，订单号相同再按总金额降序排序），并将结果存储到 results 表中（其中订单号、订购日
期、总金额取自 order_list 表，器件号、器件名取自 order_detail 表）。

2. 打开 modi1.prg 命令文件，该命令文件中包含 3 条 SQL 语句，每条 SQL 语句中都有
一个错误，请改正之（注意：在出现错误的地方直接改正，不可以改变 SQL 语句的结构和 SQL
短语的顺序）。

三、综合应用（本题 30 分）

在做本题前首先确认在基础操作中已经正确地建立了 order_detail 表，在简单应用中已经成功地将记录追加到 order_detail 表。

当 order_detail 表中的单价修改后，应该根据该表的"单价"和"数量"字段修改 order_list 表的"总金额"字段，现在 order_list 表中有部分记录的"总金额"字段值不正确，请编写程序挑出这些记录，并将这些记录存放到一个名为 od_mod 的表中（与 order_list 表结构相同，自己建立），然后根据 order_detail 表的"单价"和"数量"字段修改 od_mod 表的总金额字段（注意一个 od_mod 记录可能对应几条 order_detail 记录），最后要求 od_mod 表的结果按总金额升序排序，编写的程序最后保存为 prog1.prg。

试题 9

一、基本操作（共 4 小题，第 1、2 题是 7 分、第 3、4 题是 8 分，计 30 分）

1. 打开"订货管理"数据库，并将 order_list 表添加到该数据库中。
2. 在"订货管理"数据库中建立 customer 表，表结构如下：

客户号	字符型(6)
客户名	字符型(16)
地址	字符型(20)
电话	字符型(14)

3. 在建立的 customer 表中创建一个主索引，索引名和索引表达式均是"客户号"。
4. 将 order_detail 表从数据库中移出，并永久删除。

二、简单应用（共 2 小题，每题 20 分，计 40 分）

在考生文件夹中完成如下简单应用操作：

1. 将 customer1 表中的全部记录追加到 customer 表中，然后用 SQL 的 SELECT 语句完成查询：列出目前有订购单的客户信息（即有对应的 order_list 记录的 customer 表中的记录），同时要求按客户号升序排序，并将结果存储到 results 表中（表结构与 customer 表结构相同）。

2. 按如下要求修改 form1 表单文件（最后保存所做的修改）：
① 在"确定"命令按钮的 Click 事件（过程）的程序中有两处错误，请改正之；
② 设置 Text2 控件的有关属性，使用户在输入口令时显示"*"（星号）。

三、综合应用（本题 30 分）

使用报表设计器建立一个报表，具体要求如下：
① 报表的内容（细节带区）是 order_list 表的订单号、订购日期和总金额。
② 在报表中添加数据分组，分组表达式是"order_list.客户号"，组标头带区的内容是"客户号"，组注脚带区的内容是该组订单的"总金额"合计。
③ 加标题带区，标题是"订单分组汇总表（按客户）"，要求是 3 号字、黑体，括号是全角符号。
④ 加总结带区，该带区的内容是所有订单的总金额合计。最后将建立的报表保存为 report1.frx 文件。

【提示】在考试的过程中可以使用"显示"→"预览"菜单命令查看报表的效果。

试题 10

一、基本操作(共 4 小题，第 1、2 题是 7 分、第 3、4 题是 8 分，计 30 分)

1. 打开"订货管理"数据库，并将 order_detail 表添加到该数据库中。

2. 为 order_detail 表的"单价"字段定义默认值为 NULL。

3. 为 order_detail 表的"单价"字段定义约束规则："单价>0"，违背规则时的提示信息是"单价必须大于零"。

4. 关闭"订货管理"数据库，然后建立 customer 自由表，表结构如下：

    客户号　　字符型(6)
    客户名　　字符型(16)
    地址　　　字符型(20)
    电话　　　字符型(14)

二、简单应用(共 2 小题，每题 20 分，计 40 分)

1. 列出总金额大于所有订购单总金额平均值的订购单(order_list)清单(按客户号升序排列)，并将结果存储到 results 表中(表结构与 order_list 表结构相同)。

2. 利用 Visual FoxPro 的"快速报表"功能建立一个满足如下要求的简单报表：

① 报表的内容是 order_detail 表的记录(全部记录、横向)。

② 增加标题带区，然后在该带区中放置一个标签控件，该标签控件显示报表的标题"器件清单"。

③ 将页注脚带区默认显示的当前日期改为显示当前的时间。

④ 最后将建立的报表保存为 reportl.frx 文件。

三、综合应用(本题 30 分)

首先将 order_detail 表全部内容复制到 od_bak 表，然后对 od_bak 表编写完成如下功能的程序：

① 把"订单号"尾部字母相同并且订货相同("器件号"相同)的订单合并为一张订单，新的"订单号"就取原来的尾部字母，"单价"取最低价，"数量"取合计。

② 结果先按新的"订单号"升序排序，再按"器件号"升序排序。

③ 最终处理结果保存在 od_new 表中。

④ 最后将程序保存为 progl.prg，并执行该程序。

试题 11

一、基本操作(共 4 小题，第 1、2 题是 7 分、第 3、4 题是 8 分，计 30 分)

1. 为"雇员"表增加一个字段名为 EMAIL、类型为"字符"、宽度为 20 的字段。

2. 设置"雇员"表中"性别"字段的有效性规则，性别取"男"或"女"，默认值为"女"。

3. 在"雇员"表中，将所有记录的 EMAIL 字段值使用"部门号"的字段值加上"雇员号"的字段值再加上"@xxx.com.cn"进行替换。

4. 通过"部门号"字段建立"雇员"表和"部门"表间的永久联系。

二、简单应用（共 2 小题，每题 20 分，计 40 分）

1. 请修改并执行名称为 form1 的表单，要求如下：

① 为表单建立数据环境，并将"雇员"表添加到数据环境中。

② 将表单标题修改为"XXX 公司雇员信息维护"。

③ 修改"刷新日期"命令按钮的 Click 事件程序中的语句，使用 SQL 的更新命令，将"雇员"表中"日期"字段值更换成计算机的当前日期值。注意：只能在原语句上进行修改，不能增加语句行。

2. 建立一个名称为 menu 的菜单，菜单栏有"文件"和"编辑浏览"两个菜单项。"文件"菜单下有"打开"、"关闭退出"两个子菜单项；"浏览"菜单下有"雇员编辑"、"部门编辑"和"雇员浏览"三个子菜单项。

三、综合应用（共 2 小题，每题 15 分，计 30 分）

1. 建立一个名为 view1 的视图，查询每个雇员的部门号、部门名、雇员号、姓名、性别、年龄和 EMAIL。

2. 设计一个名为 form2 的表单，在表单上设计一个页框，页框有"部门"和"雇员"两个选项卡，在表单的右下角有一个"退出"命令按钮。要求如下：

① 表单的标题名称为"商品销售数据输入"。

② 在"雇员"选项卡中使用表格方式显示 view1 视图中的记录（表格名称为 grdView1）。

③ 在"部门"选项卡中使用表格方式显示"部门"表中的记录（表格名称为 grd 部门）。

④ 单击"退出"命令按钮，关闭表单。

试题 12

一、基本操作（共 4 小题，第 1、2 题是 7 分、第 3、4 题是 8 分，计 30 分）

1. 新建一个名为"供应"的项目文件。

2. 将"供应零件"数据库加入到新建的"供应"项目文件中。

3. 通过"零件号"字段为"零件"表和"供应"表建立永久联系（"零件"表是父表，"供应"表是子表）。

4. 为"供应"表的"数量"字段设置有效性：数量必须大于 0 并且小于 9999；错误提示信息是"数量超范围"。（注意：公式必须为"数量>0 .and. 数量<9999"。）

二、简单应用（共 2 小题，每题 20 分，计 40 分）

1. 用 SQL 语句完成下列操作：列出所有与"红"颜色零件相关的信息（供应商号、工程号和数量），并将检索结果按数量降序排序存放于 sup_temp 表中。

2. 建立一个名为 m_quick 的快捷菜单，菜单中有"查询"和"修改"两个菜单项。然后在 myform 表单中的 RightClick 事件中调用 m_quick 快捷菜单。

三、综合应用（本题 30 分）

设计一个名为 mysupply 的表单（表单的控件名和文件名均为 mysupply）。表单的标题为"零件供应情况"。表单中有一个表格控件和两个命令按钮"查询"（名称为 Command1）和"退出"（名称为 Command2）。

运行表单时，单击"查询"命令按钮后，表格控件(名称为 Grid1)中显示工程号为"J4"所使用的零件名、颜色和重量。

单击"退出"命令按钮关闭表单。

试题 13

一、基本操作(共 4 小题，第 1、2 题是 7 分、第 3、4 题是 8 分，计 30 分)

1. 新建一个名为"饭店管理"的项目。

2. 在新建的项目中建立一个名为"使用零件情况"的数据库，并将考生文件夹下的所有自由表添加到该数据库中。

3. 修改"零件信息"表的结构，增加一个字段，字段名为"规格"，类型为字符型，宽度为8。

4. 打开并修改mymenu菜单文件，为"查找"菜单项设置Ctrl+T快捷键。

二、简单应用(共 2 小题，每题 20 分，计 40 分)

在考生文件夹下完成如下简单应用操作：

1. 用SQL语句完成下列操作：查询与项目号"s1"的项目所使用的任意一个零件相同的项目号、项目名、零件号和零件名称(包括项目号s1自身)，结果按项目号降序排序，并存放于item_temp.dbf表中，同时将你所使用的SQL语句存储于新建的item.txt文本文件中。

2. 根据"零件信息"、"使用零件"和"项目信息"3个表，利用视图设计器建立一个view_item视图，该视图的属性列由项目号、项目名、零件名称、单价、数量组成，记录按项目号升序排序，筛选条件是：项目号为"s2"。

三、综合应用(本题 30 分)

① 设计一个文件名和表单名均为form_item的表单，所有控件的属性必须在表单设计器的属性窗口中设置。表单的标题设为"使用零件情况统计"。表单中有一个组合框(Combo1)、一个文本框(Text1)和两个命令按钮"统计"(Command1)和"退出"(Command2)。

② 运行表单时，组合框中有3个条目"s1"、"s2"、"s3"(只有3个，不能输入新的，RowSourceType的属性为"数组"，Style属性为"下拉列表框")供选择，单击"统计"命令按钮以后，在文本框中显示出该项目所用零件的金额(某种零件的金额=单价*数量)。

③ 单击"退出"命令按钮关闭表单。

试题 14

一、基本操作(共 4 小题，第 1、2 题是 7 分，第 3、4 题是 8 分，计 30 分)

1. 打开 ecommerce 数据库，并将考生文件夹下的 orderitem 自由表添加到该数据库中。

2. 为orderitem表创建一个主索引，索引名为pk，索引表达式为"会员号+商品号"；再为orderitem表创建两个普通索引(升序)，其中一个索引名和索引表达式均为"会员号"，另一个索引名和索引表达式均为"商品号"。

3. 通过"会员号"字段建立客户表customer和订单表orderitem之间的永久联系(注意不

要建立多余的联系)。

4. 为以上建立的联系设置参照完整性约束：更新规则为"级联"，删除规则为"限制"，插入规则为"限制"。

二、简单应用(共 2 小题，每题 20 分，计 40 分)

在考生文件夹下完成如下简单应用操作：

1. 建立qq查询，查询会员的会员号(来自customer表)、姓名(来自customer表)、会员所购买的商品名(来自article表)、单价(来自orderitem表)、数量(来自orderitem表)和金额(orderitem.单价 * orderitem.数量)，结果不要进行排序，查询去向是表ss。查询保存为qq.qpr，并运行该查询。

2. 使用表单向导选择客户表customer，生成一个文件名为myform的表单。要求选择客户表customer中的所有字段，表单样式为"阴影式"；按钮类型为"图片按钮"；排序字段选择会员号(升序)；表单标题为"客户基本数据输入维护"。

三、综合应用(本题 30 分)

在考生文件夹下，打开ecommerce数据库，完成如下综合应用(所有控件的属性必须在表单设计器的属性窗口中设置)。

设计一个名称为myforma的表单(文件名和表单名均为myforma)，表单的标题为"客户商品订单基本信息浏览"。表单上设计一个包含3个选项卡的页框(Pageframe1)和一个"退出"命令按钮(Command1)。要求如下：

① 为表单建立数据环境，按顺序向数据环境添加article表、customer表和orderitem表。

② 按从左至右的顺序，3个选项卡的标签(标题)的名称分别为"客户表"、"商品表"和"订单表"，每个选项卡上均有一个表格控件，分别显示对应表的内容(从数据环境中添加，客户表为customer、商品表为article、订单表为orderitem)。

③ 单击"退出"命令按钮关闭表单。

试题 15

一、基本操作(共 4 小题，第 1、2 题是 7 分、第 3、4 题是 8 分，计 30 分)

1. 建立bookauth.dbc数据库，把books.dbf表和authors.dbf表添加到该数据库中。

2. 为authors表建立主索引，索引名"pk"，索引表达式"作者编号"。

3. 为books表分别建立两个普通索引，其一索引名为"rk"，索引表达式为"图书编号"；其二索引名和索引表达式均为"作者编号"。

4. 建立authors表和books表之间的联系。

二、简单应用(共 2 小题，每题 20 分，计 40 分)

在考生文件夹下完成如下简单应用操作：

1. 打开myform44表单，把表单(名称为form1)的标题改为"欢迎您"，将文本"欢迎您访问系统"(名称为Label1的标签)的字号改为25，字体改为隶书。再在表单上添加"关闭"(名称为Command1)命令按钮，单击此按钮关闭表单。

最后保存并运行表单。

2．设计一个myform4表单，表单中有两个命令按钮"查询"（名称为Command1）和"退出"（名称为Command2）。

① 单击"查询"命令按钮，查询bookauth数据库中出版过3本以上（含3本）图书的作者信息，查询信息包括：作者姓名、所在城市；查询结果按作者姓名升序保存在newview表中。

② 单击"退出"命令按钮关闭表单。

最后保存并运行表单。

三、综合应用（本题 30 分）

在考生文件夹下完成如下综合应用操作：

① 首先将books.dbf中所有书名中含有"计算机"3个字的图书复制到booksbak表中，以下操作均在booksbak表中完成。

② 复制后的图书价格在原价格基础上降价5%。

③ 从图书均价高于25元（含25）的出版社中，查询并显示图书均价最低的出版社名称以及均价，查询结果保存在newtable表中（字段名为"出版单位"和"均价"）。

试题 16

一、基本操作（共 4 小题，第 1、2 题是 7 分、第 3、4 题是 8 分，计 30 分）

在考生文件夹中完成如下操作：

1．新建一个名为"图书管理"的项目。

2．在项目中建立一个名为"图书"的数据库。

3．将考生文件夹中的所有自由表添加到"图书"数据库中。

4．在项目中建立book_qu查询，查询价格大于等于10的图书（book表）的所有信息，查询结果按价格降序排序。

二、简单应用（共 2 小题，每题 20 分，计 40 分）

在考生文件夹下完成如下简单应用操作：

1．用SQL语句完成下列操作：检索"田亮"所借图书的书名、作者和价格，结果按价格降序存入booktemp表中。

2．考生文件夹中有一个名为menu_lin的下拉式菜单，请设计frmmenu顶层表单，将menu_lin菜单加入到该表单中，使得运行表单时菜单显示在本表单中，并在表单退出时释放菜单。

三、综合应用（本题 30 分）

1．设计名为formbook的表单（对象名为form1，文件名为formbook）。表单的标题设为"图书情况统计"。表单中有一个组合框（名称为Combo1）、一个文本框（名称为Text1）和两个命令按钮"统计"（名称为Command1）和"退出"（名称为Command2）。

2．运行表单时，组合框中有3个条目"清华"、"北航"、"科学"（只有3个出版社名称，不能输入新的）供选择，在组合框中选择出版社名称后，如果单击"统计"命令按钮，则文本框显示出"图书"表中该出版社出版的图书的总数。

3．单击"退出"命令按钮关闭表单。

试题 17

一、基本操作（共 4 小题，第 1、2 题是 7 分、第 3、4 题是 8 分，计 30 分）

在考生文件夹下，打开 selldb 公司销售数据库，完成如下操作。

1. 为各部门分年度季度销售金额和利润表 s_t 创建一个主索引和普通索引（升序），主索引的索引名为 no，索引表达式为"部门号+年度"，普通索引的索引名和索引表达式均为"部门号"。

2. 使用 SQL 的 ALTER TABLE 语句将 s_t 表的"年度"字段的默认值修改为"2004"，并将该 SQL 语句存储到 one.prg 命令文件中。

3. 在 s_t 表中增加一个名为"备注"的字段，字段数据类型为"字符"，宽度为 30。

4. 通过"部门号"字段建立 s_t 表和 dept 表的永久联系，并为该联系设置参照完整性约束：更新规则为"级联"，删除规则为"限制"，插入规则为"忽略"。

二、简单应用（共 2 小题，每题 20 分，计 40 分）

在考生文件夹下，打开公司销售数据库 selldb，完成如下操作。

1. 使用一对多表单向导生成一个名为 sd_edit 的表单。要求从父表 dept 中选择所有字段，从子表 s_t 中选择所有字段，使用"部门号"建立两表之间的关系，样式为"阴影式"，按钮类型为"图片按钮"，排序字段为"部门号"（升序），表单标题为"数据输入维护"。

2. 在考生文件夹下，打开 two.prg 命令文件，该命令文件用来查询各部门的分年度的部门号、部门名、年度、全年销售额、全年利润和利润率（全年利润/全年销售额），查询结果先按年度升序、再按利润率降序排序，并存储到 s_sum 表中。

注意：程序的第 5 行、第 6 行、第 8 行、第 9 行有错误，请直接在错误处修改，不允许改变 SQL 语句的结构和短语的顺序，不允许增加或合并行。

三、综合应用（本题 30 分）

在考生文件夹下，打开 selldb 公司销售数据库，完成如下操作。

设计一个表单名为 form_1，表单文件名为 sd_select、表单标题为"部门年度数据查询"的表单。

① 为表单建立数据环境，向数据环境添加 s_t 表（cursor1）。

② 当在"年度"标签右边的微调控件（spinner1）中选择年度并单击"查询"按钮（Command1）时，则会在下边的表格（Grid1）控件内显示该年度各部门的四个季度的销售额和利润。指定微调控件的上箭头按钮（SpinnerHighValue 属性）与下箭头按钮（SpinnerLowValue 属性）值范围为 2010~1999，缺省值（Value 属性）为 2003，增量（Increment 属性）为 1。

③ 单击"退出"命令按钮（Command2）时，关闭表单。

要求：将表格控件的 RecordSourceType 属性设置为"4-SQL 说明"。

试题 18

一、基本操作（共 4 小题，第 1、2 题是 7 分、第 3、4 题是 8 分，计 30 分）

1. 在考生文件夹下建立 cust_m 数据库。

2. 把考生文件夹下的 cust 和 order1 自由表加入到刚建立的数据库中。

3. 为 cust 表建立主索引，索引名为 primarykey，索引表达式为"客户编号"。

4. 为 order1 表建立候选索引，索引名为 candi_key，索引表达式为"订单编号"。为 order1 表建立普通索引，索引名为 regularkey，索引表达式为"客户编号"。

二、简单应用（共 2 小题，每题 20 分，计 40 分）

1. 根据 order1 表建立一个 view_order 视图，视图中包含的字段及顺序与 order1 表相同，但视图中只能查询到金额小于1000的信息。然后利用新建立的视图查询视图中的全部信息，并将结果按订单编号升序存入表 cx1。

2. 建立一个 my_menu 菜单，包括两个"文件"和"帮助"菜单项，"文件"菜单项将激活子菜单，该子菜单包括"打开"、"存为"和"关闭"3个菜单项；"关闭"子菜单项用 SET SYSMENU TO DEFAULT 命令返回到系统菜单，其他菜单项的功能不做要求。

三、综合应用（本题 30 分）

在考生文件夹下有学生管理数据库 books，数据库中有 score 表（包括"学号"、"物理"、"高数"、"英语"和"学分"字段），其中前4项已有数据。

请编写符合下列要求的程序并运行程序：

设计一个名为 myform 的表单，表单中有两个命令按钮，按钮的名称分别为 cmdyes 和 cmdno，标题分别为"计算"和"关闭"。运行程序时，单击"计算"按钮应完成下列操作：

① 计算每一个学生的总学分并存入对应的"学分"字段。学分的计算方法是：物理60分以上（包括60分）2学分，否则0分；高数60分以上（包括60分）3学分，否则0分；英语60分以上（包括60分）4学分，否则0分。

② 根据上面的计算结果，生成一个新的 xf 表（要求表结构的字段类型与 score 表对应字段的类型一致），并且按学分升序排序，如果学分相等，则按学号降序排序。

③ 单击"退出"菜单项，程序终止运行。

附录 **D** 全国计算机等级考试二级
Visual FoxPro 上机试题答案解析

试题 1

一、基本操作题

【解析】本题考查通过项目管理器完成的一些数据库及数据库表的基本操作，可以直接在命令窗口输入命令建立项目，通过项目管理器中的命令按钮，可以打开相应的设计器建立数据库和数据表。

【答案】

1. 在命令窗口输入命令："CREATE PROJECT sdb_p"，建立一个新的项目，打开项目管理器，如图 D.1 所示。进入"数据"选项卡，然后选中列表框中的"数据库"，单击选项卡右边的"新建"命令按钮，系统弹出"新建数据库"对话框，在对话框中单击"新建数据库"图标按钮，系统接着弹出"创建"对话框，在"数据库名"文本框内输入新的数据库名称"sdb"，然后单击"保存"命令按钮。

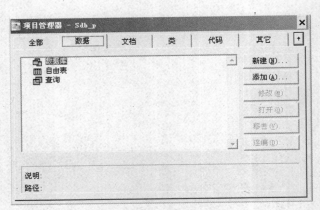

图 D.1　项目管理器窗口

2. 新建数据库后，系统弹出数据库设计器，在设计器中右击鼠标，执行"添加表"快捷菜单命令，系统弹出"打开"对话框，将 student 和 sc 两个数据表依次添加到数据库中。

3. 创建新表的步骤：用鼠标右键单击数据库设计器，选择"新建表"快捷菜单命令，在弹出的对话框中单击"新建表"图标按钮，系统弹出"创建"对话框，在对话框的"输入表名"文本框中输入 course 文件名，保存在考生文件夹下，进入表设计器。根据题意，在表设计器的"字段"选项卡中，依次输入每个字段的字段名、类型和宽度，保存表结构设计，并自动退出数据表设计器。

输入新记录的步骤：选择"显示"菜单的"浏览"菜单项，进入表的浏览状态，再从"显示"菜单中选择"追加模式"，才能在表中依次添加 6 条记录。

4．进入 course 表的表设计器的"索引"选项卡，在"索引"列的文本框中输入"cno"索引，在"类型"下拉框中选择索引类型为"主索引"，在"表达式"列中输入"课程号"作为索引表达式，如图 D.2 所示。

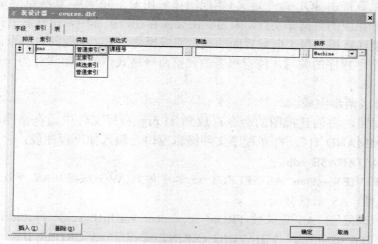

图 D.2　数据表设计器

二、简单应用题

【解析】本题第 1 小题考查的是多表查询的建立以及设置查询去向，在设置查询去向的时候，应该注意表的选择；第 2 小题主要考查怎样利用表单向导建立一个表单，只要根据向导的每个界面提示，完成相应的设置即可完成本题。

【答案】

1. SELECT student.学号, 姓名, course.课程名, sc.成绩 ;
   FROM student INNER JOIN sc ON student.学号 = sc.学号 ;
   INNER JOIN course ON sc.课程号 = course.课程号 ;
   ORDER BY course.课程名, sc.成绩 DESC INTO TABLE sclist.dbf

2．执行"文件"→"新建"菜单命令，或单击常用工具栏中的 □ (新建) 图标按钮，在弹出的"新建"对话框中选择"表单"单选项，再单击"向导"图标按钮，系统弹出"向导选取"对话框。

在对话框的列表框中选择"表单向导"，单击"确定"按钮，进入"字段选取"界面。从"数据库和表"下拉列表框中选择 sdb 数据库和 student 数据表，student 表的字段将显示在"可用字段"列表框中，从中可以选择所需的字段。根据题意，单击 ➡ (全部添加) 图标按钮，将所有字段全部添加到"选定字段"列表框中。

单击"下一步"按钮进入"选择表单样式"界面，在"样式"列表框中选择"阴影式"，在"按钮类型"选项组中选择"图片按钮"选项。

　　再单击"下一步"按钮进入"排序次序"设计界面，将"可用字段或索引标识"列表框中的"学号"字段添加到右边的"选定字段"列表框中，并选择"升序"单选项。

　　再单击"下一步"按钮，进入最后的"完成"设计界面，在"标题"文本框中输入"学生基本数据输入维护"作为表单的标题，单击"完成"命令按钮，在系统弹出的"另存为"对话框中，将表单以 forml 为名保存在考生文件夹下，并退出表单设计向导。

三、综合应用题

　　【解析】本题第 1 小题考查视图的建立以及视图在报表中的应用，视图可以在视图设计器中建立，也可以直接由 SQL 命令定义(本题应该采用命令完成)，要注意的是在定义视图之前，首先应该打开相应的数据库文件，因为视图要保存在数据库中，在磁盘上找不到相应的文件；设计报表时要注意根据每个向导界面的提示完成操作。第 2 小题的表单设计中，要注意控件属性的修改和事件程序的编写，注意报表的预览命令格式。该表单设计为一些基本操作。

　　【答案】

　　1. 本题要分成两步完成。

　　① 先创建视图，将创建视图的命令存放到 t1.prg 程序文件中。在命令窗口输入命令："MODIFY COMMAND t1"，打开程序文件编辑窗口，输入如下程序段：

　　　　OPEN DATABASE sdb

　　　　CREATE VIEW sview AS SELECT sc.学号,姓名,AVG(成绩) AS 平均成绩, ;

　　　　MIN(成绩) AS 最低分, ;

　　　　COUNT(课程号) AS 选课数 FROM sc,student WHERE sc.学号=student.学号;

　　　　GROUP BY sc.学号,姓名 HAVING COUNT(课程号)>3 ORDER BY 平均成绩 DESC

　　注意，输出结果中要包含的字段只能是分组的字段或汇总结果。

　　在命令窗口执行命令："DO t1"就可以执行程序，完成所需的操作。

　　② 创建报表。在工具栏中单击"新建"图标按钮，打开"新建"对话框。在"新建"对话框中选择"报表"选项，单击"向导"命令按钮，打开"向导选择"对话框，在"向导选择"对话框中选择"报表向导"，单击"确定"按钮进入报表向导设计界面。根据题意，选中 sview 视图，后面的操作与表单向导的操作过程相同。最后将报表以 pstudent 为名保存在考生文件夹下。

　　2. 表单的创建。

　　在命令窗口中输入命令："CREATE FORM form2"，打开表单设计器，根据题意，通过"表单控件"工具栏，在表单中添加两个命令按钮，在"属性"窗口中，分别修改两个命令按钮的 Caption 属性值为"浏览"和"打印"，如图 D.3 所示。

　　双击"浏览"(Commandl)命令按钮，进入代码编辑窗口，在 Command1 的 Click 事件中编写如下代码：

　　　　OPEN DATABASE sdb

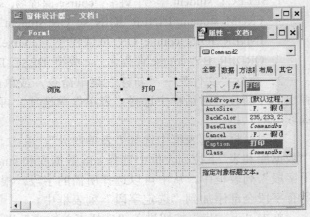

图 D.3　表单界面及属性窗口

SELECT * FROM sview

以同样的方法为"打印"命令按钮编写 Click 事件程序代码：

REPORT FORM pstudent.frx PREVIEW

最后保存表单，完成设计。

试题 2

一、基本操作题

【解析】本题考查通过数据库设计器设置数据库表关联的操作，以及修改数据库表结构的操作。同时，考查通过数据表设计器设置数据表的字段有效性规则等操作。

【答案】

1．单击工具栏中的"打开"按钮，弹出"打开"对话框，在对话框中选择"查找范围"为考生文件夹，在"文件类型"中选择"数据库"，列表框中列出该文件夹下的数据库文件，从中选择 score_manager 数据库文件，并打开该文件进入到数据库设计器中。在数据库设计器中，选中 student 表的"学号"主索引，通过拖动鼠标的方式将其拖放到 score1 表的"学号"普通索引上，这时，在两个数据表之间就出现一条连线，表示两个数据表之间已经建立了联系。按照同样的方法可以创建 course 表和 score1 表之间的联系。结果如图 D.4 所示。

2．在数据库设计器中选择 course 数据表文件，单击右键，执行快捷菜单中的"修改"命令，进入表设计器，在表设计器中添加一个新字段：开课学期，类型为 N，宽度为 2，小数点位数是 0。

3．按照第 2 小题的操作方法打开 score1 表，进入表设计器，选中"成绩"字段，在右侧的"字段有效性"规则框中输入"成绩>=0"，在信息框中输入""成绩必须大于或等于零""。

4．同样，选中"成绩"字段，并在"字段有效性"规则栏中单击"默认值"框，单击右侧的按钮，打开"表达式生成器"对话框，如图 D.5 所示。在"逻辑"下拉列表框中选择".NULL."，再单击"确定"按钮，返回"表设计器"。再单击表设计器的"确定"按钮，保存设置。

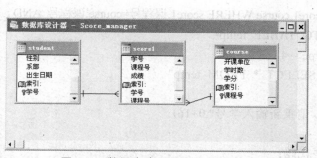

图 D.4　数据表建立关联后的结果

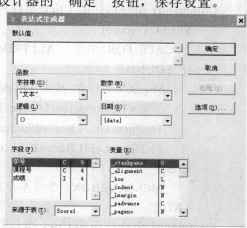

图 D.5　表达式生成器

二、简单应用题

【解析】本题考查怎样通过查询设计器查询满足条件的记录，并将查询结果保存到数据

表中。另外考查通过报表向导创建报表的方法。

【答案】

1. 本题操作的方法可以采用查询设计器也可以采用 SQL 查询命令完成，关键是将结果传送到所需的数据表中。采用的命令语句是：

  SELECT 姓名,2003-YEAR(出生日期) AS 年龄 FROM student INTO TABLE new_table1

创建报表的方法参考试题 1 的综合应用第 1 题。

2. 该题主要是建立一个查询，其命令如下：

  SELECT 学号, 姓名, 系部 FROM student WHERE 学号 NOT ;

  IN(SELECT DISTINCT 学号 FROM score1) ORDER BY 学号 INTO TABLE new_table2

三、综合应用题

【解析】本题主要考查怎样设计表单界面：在表单界面上如何添加所需的控件，如何设置各控件的属性。完成本题的关键是要明确数据环境的设置方法和表格控件数据源的设置方法。

【答案】

执行"文件"→"新建"→"表单"菜单命令，单击"新建"按钮，打开表单设计器。

① 设置数据环境：

在表单界面上单击鼠标右键，在弹出的快捷菜单中执行"数据环境"命令，打开数据环境设计器。单击鼠标右键，在快捷菜单中执行"添加"命令，从对话框中选择所需的 course 和 score1 数据表，数据表添加到数据环境后，它们之间的联系也同时添加到数据环境中。

② 添加控件：

按照表单所需的样式添加一个 Label1 标签和 Command1、Command2 两个命令按钮，在"属性"窗口中分别设置标题为"输入学号"、"查询"、"退出"。再添加一个 Text1 文本框，用于输入学号。再添加一个表格控件，其名称为 Grid1。

③ 编制程序：

Command1 命令按钮的 Click 事件程序代码：

```
    SELECT score1
    LOCATE FOR 学号 = ALLTRIM(Thisform.Text1.Value)
    IF FOUND()
        SELECT 课程名, 成绩 FROM score1,course WHERE score1.课程号=course.课程号 AND ;
        学号=Thisform.Text1.Value INTO TABLE temp
        Thisform.Grid1.RecordSourceType = 4
        Thisform.Grid1.RecordSource="SELECT * FROM temp"
    ELSE
        MESSAGEBOX("学号不存在，请重新输入学号",0+16)
    ENDIF
```

Command2 命令按钮的 Click 事件程序代码：

```
    Thisform.Release
```

试题 3

一、基本操作题

【解析】本题考查创建查询、从数据库删除视图、向表插入记录和向表单添加命令按钮的基本操作。

【答案】

1．执行"文件"→"新建"菜单命令，在弹出的"新建"对话框中选择"查询"，单击"向导"按钮，根据向导的提示，首先选择 student 表作为查询的数据源，然后选择 student 表的"姓名"、"出生日期"字段为选定字段，连续单击"下一步"按钮，直至"完成"界面，单击"完成"命令按钮，输入要保存的查询名"query3_1"。

2．在命令窗口输入命令："MODIFY DATABASE score_manager"，打开数据库设计器，在数据库设计器中的 newview 视图上单击右键，在弹出的快捷菜单中执行"删除"命令，并在弹出的对话框中单击"移去"命令按钮。

3．在命令窗口输入如下命令，为 scorel 表增加一条记录。

　　INSERT INTO scorel(学号，课程号，成绩) VALUES ("993503433", "0001", 99)

4．打开表单后，使用"表单控件"工具栏向表单添加一个命令按钮，在"属性"窗口中修改该命令按钮的 Caption 属性值为"关闭"，双击该按钮，在 Click 事件程序中输入代码：ThisForm.Release。

二、简单应用题

【解析】本题第 1 小题考查怎样建立视图，要注意的是，在定义视图之前，首先应该打开相应的数据库文件，因为视图保存在数据库中，在磁盘上找不到对应的文件。第 2 小题中，表格数据源类型属性应设置为表，在设计表单的同时，应该将相应的数据表文件添加到表单的数据环境中。

【答案】

1．在命令窗口输入命令："OPEN DATABASE score_manager"，打开考生文件夹下的 score_manager 数据库，然后通过菜单命令或工具按钮，打开"新建"对话框，选择"视图"选项并单击"新建"按钮，打开视图设计器。首先将数据库中的 student、score1 表添加到视图设计器中。在视图设计器中的"字段"选项卡中，将"可用字段"列表框中的"student.学号"、"student.姓名"、"student.系部"3 个字段添加到右边的"选定字段"列表框中。

然后在"筛选"选项卡中，选择"course.课程号"字段，勾选它对应的 Not 选项，在"条件"下拉框中选择"Is NULL"，在"逻辑"选项中条件选择"AND"；接着设置第二个筛选条件，选择"scorel.成绩"字段，在"条件"下拉框中选择"Is NULL"，完成视图设计。将视图以 new_view 为名保存在数据库中。

2．在命令窗口输入命令："CREATE FORM myform3"，弹出表单设计器。右击表单空白处，执行"数据环境"快捷菜单命令，在弹出的"添加表或视图"对话框中，选择 score_manager 数据库中的 course 表，将其添加到数据环境中。把鼠标指针指向数据环境设计器中的 course 表的标题栏，按住鼠标左键，将其拖动到表单界面上，在表单界面上将产生一个表格控件，该表格控件的 Name 属性自动设置为 grdCourse。在表单设计器中将 grdCourse 表格控件的 RecordSourceType 和 RecordSource 属性分别设置为"0-表"和"course"，将表单

保存在考生文件夹下。

三、综合应用题

【解析】本题主要考查菜单的设计，在菜单设计器中进行操作时，应注意选对"结果"下拉框中的选项，对应于编写程序段的菜单选项应该选择"过程"，本题中牵涉的 SQL 语句为多表联接查询，所以应该注意两个表之间的关联字段。

【答案】

在命令窗口输入命令："CREATE MENU tj_menu3"，在弹出的对话框中选择"菜单"选项，单击"新建"按钮打开菜单设计器，如图 D.6 所示。

利用菜单设计器定义"统计"和"退出"两个主菜单项，将"统计"的"结果"选择为"子菜单"，将"退出"的"结果"选择为"命令"，并在后面的命令文本框中输入命令："SET SYSMENU TO DEFAULT"，如图 D.7 所示。然后在"统计"子菜单中建立"平均"菜单项，"平均"菜单项的"结果"选择为"过程"，并单击"创建"按钮打开程序编辑窗口编写程序。

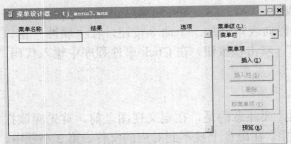

图 D.6 菜单设计器初始界面

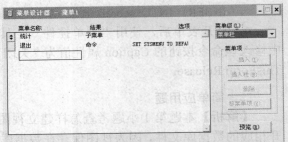

图 D.7 菜单设计的结果界面

```
******* "平均"菜单项的程序*****
SET TALK OFF                &&在程序工作方式下关闭命令结果的显示
SELECT course.课程名, AVG(score1.成绩) 平均成绩 FROM course, score1 ;
WHERE course.课程号 = score1.课程号 GROUP BY course.课程名 ;
ORDER BY course.课程名 INTO TABLE new_table32
CLOSE ALL
SET TALK ON
```

设计完代码之后，执行"菜单"→"生成"菜单命令，生成 tj_menu3.mpr 可执行菜单程序。

在命令窗口输入命令："DO tj_menu3.mpr"，执行"统计"→"平均"菜单命令，完成计算平均成绩的操作。

试题 4

一、基本操作题

【解析】本题主要考查数据库以及数据表的基本操作，如何在数据库中添加数据表，如何设置数据表的有效性规则以及相关的索引。

【答案】

添加数据表的操作可以在数据库设计器中完成，操作方法参考试题 1 中基本操作题答案的有关叙述。

索引以及有效性规则可以在数据表设计器中完成，参考试题 2 的基本操作题。

做第 4 题时先打开 test_form 表单，在表单界面上选择"登陆"按钮，在"属性"窗口中设置该命令按钮的 Enabled 属性为逻辑真值(.T.)。

二、简单应用题

【解析】本题主要考查怎样建立两个表的关联查询，同时，要将查询命令存放到一个指定的文本文件中。另外，本题还考查"一对多报表向导"的使用方法。

【答案】

1. 完成查询的 SQL 语句是：

    SELECT 外币名称, 持有数量 FROM rate_exchange x, currency_sl y ;

    WHERE x.外币代码=y.外币代码 AND y.姓名="林诗因" ;

    ORDER BY 持有数量 INTO TABLE rate_temp

创建文本文件的方法是：

执行"文件"→"新建"菜单命令，在"新建"对话框中双击"文本文件"单选项，打开文本文件编辑器，将上述代码复制到该文件中，结果如图 D.8 所示。再单击"保存"按钮，以 rate.txt 为名保存文本文件。

2. 使用向导创建报表的方法参考试题 1 的综合应用题第 1 小题的操作步骤，注意在选择报表类型的时候，应该选择"一对多报表向导"，还要注意将生成的报表保存成 currency_report 文件。

三、综合应用题

【解析】本题主要考查的是表单的创建，以及通过表单界面完成信息的查询处理。在设计控件属性时，注意不要混淆控件的 Caption(标题)和 Name(名称)属性。Name 属性是控件的一个内部名称，而 Caption 属性用来显示一个提示信息。使用 SQL 查询时，可以将查询结果存放到一个数组中，然后赋值给文本框的 Value 属性，将查询结果显示在文本框中。

【答案】

首先打开表单设计器，在表单界面上添加两个文本框和两个命令按钮，其名称分别为 Text1、Text2、Command1、Command2。选择表单界面，在"属性"窗口中设置表单的 Name 属性为 currency_form，表单的 Caption 的属性值为"外币市值情况"。同样，选中 Command1、Command2 命令按钮，设置各自的 Caption 属性为"查询"和"退出"。

设置完相关属性，再设置命令按钮的事件代码。

Command1 的 Click 事件程序代码如下：

SELECT x.外币代码, 持有数量, 现钞买入价 FROM currency_sl x, rate_exchange y WHERE ;
x.外币代码=y.外币代码 AND 姓名=Thisform.Text1.Value INTO CURSOR temp
SELECT SUM（持有数量*现钞买入价）FROM temp INTO ARRAY aa
Thisform.Text2.value=aa（1）

〖注意〗

上述查询中产生的 aa 数组是一个二维数组，访问二维数组时也可以采用访问一维数组元素的方法。

command2 的 Click 事件程序代码如下：

Thisform.Release

上述代码设置完成，将表单保存为 currency_form 文件，并运行表单文件。如输入"林诗因"，可得到相应的查询结果，如图 D.9 所示。

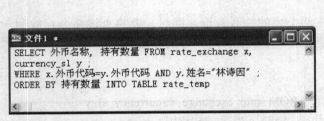

图 D.8　文本文件编辑窗口

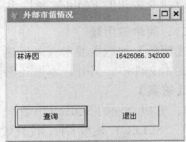

图 D.9　查询的结果表单

试题 5

一、基本操作题

【解析】本题主要是考查数据库以及数据表的基本操作，包括如何在数据库中添加数据表，如何设置数据表的有效性规则以及相关的索引。

【答案】参考试题 4 的基本操作题。

二、简单应用题

【解析】完成本题第 1 小题对程序改错时，主要应注意语句中一些常用关键字的用法，例如第二个错误的判断：在 FoxPro 中，没有 WHILE 命令循环语句，而是 DO WHILE 循环语句。另外，在进行查询时，要注意三种不同的查询语句的区别。第 2 小题是创建一个多级菜单，注意对每个菜单项"结果"下拉框的选择。如果该菜单项包含下级菜单，在"结果"下拉框中一定要选择"子菜单"，如果菜单项是执行某个动作，则可以选择"命令"或"过程"。

【答案】

1. 在命令窗口输入命令："MODIFY COMMAND rate_pro.prg"，打开程序代码编辑窗口，根据源程序中提示的错误进行修改，程序修改后的结果如下（加粗显示的部分是修改的结果）：

OPEN DATABASE 外汇数据
USE currency_sl
LOCATE FOR 姓名="林诗因"
***原语句是 FIND FOR 姓名="林诗因"，错在 FIND 语句中不能包含比较表达式

```
summ=0
DO WHILE NOT EOF()
    **原语句是 WHILE NOT EOF()，循环语句格式不对
    SELECT 现钞买入价 FROM rate_exchange;
    WHERE rate_exchange.外币代码=currency_sl.外币代码 INTO ARRAY a
    summ=summ+a(1)*currency_sl.持有数量
    **原语句是 summ=summ+a(1)*rate_exchange.持有数量，选择的字段有错误
    CONTINUE
ENDDO
?summ
```

2. 在命令窗口输人命令："CREATE MENU menu_rate"，打开菜单设计器。具体设计步骤参考试题 3 的综合应用题的菜单设计。

三、综合应用题

【解析】本题考查表单设计，重点是单选按钮的应用。选项组控件中用来控制单选钮个数的属性是 ButtonCount。本程序要求实现的功能可利用 DO CASE 多情况分支语句完成，每个分支中包含一个相应的 SQL 查询语句，根据在选项组选中的单选项，查找相应的数据记录，存入指定的新表中。

【答案】

在命令窗口输入命令："CREATE FORM myrate"，打开表单设计器，通过"表单控件"工具栏向表单添加一个 Optiongroup1 选项按钮组控件和 Command1、Command2 两个命令按钮。

选中表单(Form1)，在属性窗口中将 Name 的属性值改为 myrate，将 Caption 的属性值改为外汇持有情况。然后在表单界面上选择 Optiongroup1，修改该控件的 Name 属性值为 Myoption，修改 ButtonCount 的属性值为 3。将鼠标指针指向 Myoption 选项按钮组控件，单击鼠标右键，在弹出的快捷菜单中选择"编辑"，进入选项按钮组控件的编辑状态，依次选中各按钮，并设置各按钮的 Caption 属性为"日元"、"美元"和"欧元"。同时，将两个命令按钮的 Caption 属性设置为"统计"和"退出"。设置完成的结果如图 D.10 所示。

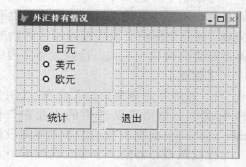

图 D.10　表单界面

在表单的数据环境中添加 rate_exchange 和 currency_sl 数据表文件。

双击 Command1 命令按钮，编写该控件的 Click(单击)事件程序：

```
n=Thisform.Myoption.Value
DO CASE
CASE n=1
    SELECT 姓名,持有数量 FROM rate_exchange x,currency_sl y ;
    WHERE x.外币代码=y.外币代码 AND x.外币名称="日元" INTO TABLE rate_ry
```

```
    CASE  n=2
        SELECT  姓名,持有数量  FROM  rate_exchange x, currency_sl  y ;
        WHERE  x.外币代码=y.外币代码  AND  x.外币名称="美元"  INTO  TABLE  rate_my
    CASE  n=3
        SELECT  姓名,持有数量  FROM  rate_exchange x,currency_sl  y ;
        WHERE  x.外币代码=y.外币代码  AND  x.外币名称="欧元"  INTO  TABLE  rate_oy
    ENDCASE
```

双击 Command2 命令按钮，编写该控件的 Click（单击）事件程序：

```
ThisForm.Release
```

保存表单到考生文件夹下，然后在命令窗口输入命令："DO FORM myrate"，运行表单。

试题 6

一、基本操作题

【解析】 本题主要考查怎样建立数据库和数据表之间的联系，以及怎样建立字段索引。新建数据库可以通过菜单命令、工具栏按钮或直接输入命令完成，添加和修改数据库中的表以及建立表之间的联系，可以通过数据库设计器来完成，建立索引以及修改表结构可以在表设计器中完成。

【答案】 参考试题 1 的基本操作题。

二、简单应用题

【解析】 本题第 1 小题考查怎样建立视图和怎样在视图设计器的对应选项卡中为视图设置条件。需要注意的是，创建新的字段需要通过"字段"选项卡中的"函数和表达式生成器"完成。建立视图前必须先打开相应的数据库文件。第 2 小题主要是利用 SQL 语句进行多表查询及设置查询输出去向，注意创建字段时，需要通过 AS 短语指明字段名。

【答案】

1. 首先在命令窗口输入命令："OPEN DATABASE 外汇管理"，打开数据库。利用菜单命令或单击常用工具栏中的"新建"图标按钮，新建一个视图文件，将 currency_sl 和 rate_exchange 数据表分别添加到视图设计器中，系统自动建立两表间的关联。

在视图设计器的"字段"选项卡中将"currency_sl.姓名"、"rate_exchange.外币名称"和"currency_s1.持有数量"3 个字段添加到右边的选定字段列表框中。然后单击底部的"函数和表达式生成器"框右侧的按钮，系统弹出"表达式生成器"对话框。在对话框的"表达式"文本框中输入"rate_exchange.基准价*currency_sl.持有数量"。单击"确定"按钮回到视图设计器中，然后单击"添加"按钮，将该表达式添加到可用字段中，为视图增加一个"rate_exchange.基准价*currency_s1.持有数量"字段。

接着在"排序依据"选项卡中，将该表达式"rate_exchange.基准价*currency_s1.持有数量"添加到"排序条件"列表框中，选择排序方式为"降序"，以 view_rate 为名保存视图。

2. 在命令窗口输入如下命令行，完成所需的查询：

```
SELECT  currency_sl.姓名, SUM(rate_exchange.基准价*currency_sl.持有数量) ;
    AS  人民币价值;
```

　　FROM rate_exchange ,currency_sl WHERE rate_exchange.外币代码 = ;

　　currency_sl.外币代码 ;

　　GROUP BY currency_sl.姓名 ORDER BY 人民币价值 DESC INTO TABLE results

〖注意〗

在命令行中一定得有 "GROUP BY currency_sl.姓名" 子句，否则提示错误。

在命令窗口执行该命令，查询结果将自动保存到 results 表中。

三、综合应用题

【解析】本题考查表单控件的设计和利用表格控件显示数据表的查询内容。用表格控件显示数据，主要通过表格的 RecordSourceType 和 RecordSource 两个属性实现，要注意两个属性值的对应，本题中表格的数据源为 SQL 查询输出的表文件，因此，指定表格数据源的语句也应该在程序中指明。

【答案】

在命令窗口输入命令："CREATE FORM 外汇浏览"，打开表单设计器窗口。在表单中添加所需的控件，并设置各自的属性。注意，表格控件的 RecordSourceType 属性值应设为 "0-表"。结果如图 D.11 所示。

双击 Command1 命令按钮，在 Click 事件程序中编写如下两段代码之一。

代码 1：

```
SET TALK OFF
SET SAFETY OFF
a=ALLTRIM（ThisForm.Text1.VALUE）
SELECT rate_exchange.外币名称,currency_sl.持有数量 FROM rate_exchange ,currency_sl ;
WHERE rate_exchange.外币代码=currency_sl.外币代码 AND currency_sl.姓名=a ;
ORDER BY currency_sl.持有数量 INTO TABLE （a）
THISFORM.Grid1.RecordSource="（a）"
SET SAFETY ON
SET TALK ON
```

代码 2：

```
SET TALK OFF
SET SAFETY OFF
tablename=ALLTRIM（Thisform.Text1.Value）
SELECT 外币名称,持有数量 FROM rate_exchange x,currency_sl y ;
WHERE x.外币代码=y.外币代码 AND y.姓名=tablename INTO TABLE tablename
Thisform.Grid1.RecordSource="tablename"
SET SAFETY ON
SET TALK ON
```

在 Command2 命令按钮的 Click 事件程序中输入代码：ThisForm.Release。

运行表单，分别查询 "林因"、"张三" 和 "李欢" 所持有的外币名称和持有数量，运行结果如图 D.12 所示。保存表单设计结果到考生文件夹下。

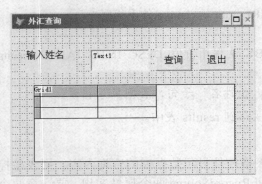 

图 D.11　设计的表单界面　　　图 D.12　查询的结果界面

试题 7

一、基本操作题

【解析】本题考查对 SQL 语句功能的掌握情况，要将查询结果输出到新表，可利用 INTO TABLE 短语实现，更新数据可通过 UPDATE 语句实现。注意在使用报表向导设计报表时，需要使用"新建"对话框进行操作，不能通过命令窗口打开报表向导。而修改已有的报表，可以通过命令方式直接打开报表设计器进行修改。

【答案】

1．在命令窗口输入如下语句，查询记录：

SELECT 外币名称, 现钞买入价, 卖出价 FROM rate_exchange INTO TABLE rate_ex

在考生文件夹下新建 one.txt 文本文件，将上述语句复制到其中并保存文件。

2．在命令窗口输入如下语句，更新记录：

UPDATE rate_exchange SET 卖出价=829.01 WHERE 外币名称="美元"

在考生文件夹下新建 two.txt 文本文件，将上述语句复制到其中并保存文件。

3．参考试题 1 的综合应用题的第 1 题。

4．在命令窗口输入命令："MODIFY REPORT rate_exchange"，打开报表设计器，在报表设计器中，将显示在标题带区中的"日期"控件拖到页注脚带区，保存报表文件。

二、简单应用题

【解析】本题第 1 小题主要考查对 Timer（计时器）控件使用的掌握情况，Timer 控件最重要的属性就是 Interval 属性，它的大小决定激活控件的 Timer 事件的频率（该值为 0 时停止发生作用）。到达计时间隔时，将触发该事件，执行其事件程序的代码。第 2 小题考查查询的建立，在查询设计器的对应选项卡中为查询设置条件，需要注意的是，新的字段要通过"字段"选项卡中的"函数和表达式生成器"生成。

【答案】

1．操作过程如下：

在命令窗口输入命令："CREATE FORM form1"，新建表单文件。打开表单设计器，添加命令按钮及计时器控件。修改其它控件的属性，并将计时器控件的 Interval 属性设为 500，界面布局如图 D.13 所示。

修改各个控件的事件程序代码，内容如下：

Command1（暂停）按钮的 Click 事件程序代码为：ThisForm.Timer1.Interval=.F.。

Command2（继续）按钮的 Click 事件程序代码为：ThisForm.Timer1.Interval=.T.。

Command3（退出）按钮的 Click 事件程序代码为：ThisForm.Release。

Timer1 的 Timer 事件程序为：ThisForm.Label1.Caption=TIME()。

以 Timer 为文件名将表单保存到考生文件夹下，运行表单，运行界面如图 D.14 所示。

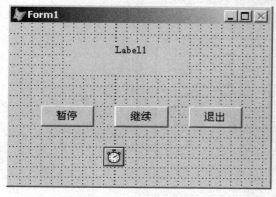

图 D.13　表单界面布局

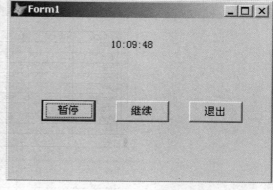

图 D.14　表单运行界面

〖注意〗

计时器控件在程序运行期间是不可见的。

2．在命令窗口输入命令："CREATE QUERY"，打开查询设计器。按照要求选择所需的字段及表达式，并设置排序方式，具体操作参考试题 6 的简单应用题的第 1 小题。

在查询设计器中可以设置查询去向，执行"查询"→"查询去向"菜单命令，在弹出的"查询去向"对话框中，单击"表"图标按钮，输入表名 results.dbf，关闭对话框，运行查询，以 query 为名保存查询文件到考生文件下，运行查询后，系统会将查询结果自动保存到 results.dbf 表中。

三、综合应用题

【解析】本题考查页框控件的设计。页框属于容器控件，通过 PageCount 属性值，可以指定页框中的页面数，一个页框中可以继续包含其他控件，对页框中单个页面进行编辑设计时，应使页框控件进入"编辑"状态。要利用表格显示数据表中的内容，应恰当设置 RecordSourceType 和 RecordSource 两个属性，需要注意的是，用表格显示数据表内容时，首先应该将数据表添加到表单的数据环境中。

【答案】

在命令窗口输入命令："CREATE FORM forml"，新建表单，打开表单设计器。

打开表单数据环境，将 currency_sl.dbf 和 rate_exchange.dbf 表文件添加到数据环境中。

利用"表单控件"工具栏在表单中添加 1 个页框控件和 1 个命令按钮，选中表单，在"属性"窗口中修改表单的 Caption 属性值为"外汇"，然后修改命令按钮的 Caption 属性值为"退出"。

选定页框，修改 PageCount 的属性值为 3，页框中将将增加一个页面，用鼠标右键单击页框控件，执行"编辑"快捷菜单命令，可以看到页框四周出现蓝色边框，表示它进入编辑

状态，选定 Page1 页面，修改页面 Caption 属性值为"持有人"，添加 1 个表格控件，设置表格控件的 RecordSource 属性值为 currency_sl 表，RecordSourceType 属性值为"0-表"，Name 属性值为 grdCurrency_sl。然后在页框控件处于编辑状态的情况下，根据题意，用同样的方法设置其他两个页面。

为"退出"按钮编写关闭表单的程序。表单运行的结果如图 D.15 所示。

图 D. 15　表单运行界面

试题 8

一、基本操作题

【解析】本题考查数据库及数据库表的基本操作的掌握情况，注意完成每个小题操作的环境，添加表和建立表之间的联系在数据库设计器环境中完成，修改数据表和建立索引在表设计器中完成。

【答案】略。

二、简单应用题

【解析】本题第1小题考查SQL的查询语句和插入语句掌握情况，在此处需要注意的是当表建立了主索引或候选索引时，向表中一条一条追加记录必须用SQL的插入语句，而不能使用APPEND BLANK语句。因为，执行该语句时将产生一条空白记录，会使记录内容不唯一；但也可以采用一次性追加的方式完成全部记录的追加。其命令格式为："APPEND FROM 源数据表"，执行该命令前必须先打开要追加数据的表。

第2小题考查SQL基本查询语句以及数据更新语句的掌握情况，注意容易混淆的短语，例如ORDER BY和GROUP BY。

【答案】

1. 在命令窗口输入命令："MODIFY COMMAND query1"，在程序编辑器窗口中输入如下两个程序段之一：

程序1：

```
SET TALK OFF
CLOSE ALL
```

```
    USE  order_detail
    ZAP
    USE  order_detail1
    DO  WHILE  !EOF()
        SCATTER  TO  arr1
        INSERT  INTO  order_detail  FROM  ARRAY  arr1
        SKIP
    ENDDO
    SELECT  order_list.订单号, order_list.订购日期, order_list.总金额, ;
    order_detail.器件号, order_detail.器件名 ;
    FROM  order_list, order_detail  WHERE  order_list.订单号 = order_detail.订单号 ;
    ORDER  BY  order_list.订单号, order_list.总金额  DESC  INTO  TABLE  results.dbf
    CLOSE  ALL
    SET  TALK  ON
```

程序2：

```
    SET  TALK  OFF
    CLOSE  ALL
    USE  order_detail
    ZAP
    APPEND  FROM  order_detail1
    SELECT  order_list.订单号, order_list.订购日期, order_list.总金额,;
    order_detail.器件号, order_detail.器件名  FROM  order_list, order_detail ;
    WHERE  order_list.订单号 = order_detail.订单号 ;
    ORDER  BY  order_list.订单号, order_list.总金额  DESC;
    INTO  TABLE  results.dbf
    CLOSE  ALL
    SET  TALK  ON
```

在命令窗口执行命令："DO query1"，程序将查询结果自动保存到results新表中。

2．在命令窗口输入命令："MODIFY COMMAND modi1.prg"，打开程序，修改后的程序段如下（加粗的部分是修改后的结果）：

```
    UPDATE  order_detail1  SET  单价=单价 + 5        && 原语句有语法错误
    SELECT  器件号,AVG（单价）AS  平均价  FROM order_detail1;
    GROUP  BY  器件号  INTO  CURSOR  lsb        && 原语句使用 ORDER 短语错误
    SELECT * FROM lsb WHERE 平均价 < 500        && 原语句有语法错误
```

三、综合应用题

【解析】本题考查SQL语句的应用，包括数据定义、数据修改和数据查询功能，设计过程中注意数据表和数据表中字段的选取，修改每条记录时，可利用DO WHILE循环语句逐条处理表中每条记录。

【答案】

在命令窗口输入命令："MODIFY COMMAND prog1"，打开程序代码编辑器，在编辑

171

窗口中输入如下程序段：

```
SET TALK OFF
SET SAFETY OFF
SELECT 订单号,SUM(单价*数量) AS 总金额 FROM order_detail GROUP BY 订单号;
INTO CURSOR temp
SELECT order_list.* FROM order_list, temp WHERE order_list.订单号=temp.订单号 AND;
order_list.总金额<>temp.总金额 INTO TABLE od_mod
USE od_mod
DO WHILE NOT EOF()                    &&遍历 od_mod 中的每一条记录
    SELECT temp.总金额 FROM temp WHERE temp.订单号=od_mod.订单号;
    INTO ARRAY AFieldsValue
    REPLACE 总金额 WITH AFieldsValue
    SKIP
ENDDO
CLOSE ALL
SELECT * FROM od_mod ORDER BY 总金额 INTO CURSOR temp
SELECT * FROM temp INTO TABLE od_mod
SET TALK ON
SET SAFETY ON
```

保存设计结果，在命令窗口输入命令："DO prog1"，执行程序文件。

试题 9

一、基本操作题

【解析】本题考查数据库及数据库表的基本操作，注意完成每个小题操作的环境，添加和删除表在数据库设计器中完成；修改数据表、建立索引在表设计器中完成。在删除表时应注意"移去"和"删除"的区别，要将数据表从磁盘中永久性删除应该选择"删除"命令，只是移出数据库，则应选择"移去"命令。

【答案】略。

二、简单应用题

【解析】完成第1小题时可参考试题8的简单应用题。完成第2小题，对表单控件的程序改错中，应注意常用属性和方法的设置。文本框控件有一个重要的PasswordChar属性，它用来控制输出时显示的字符。

【答案】

1. 在命令窗口输入命令："MODIFY COMMAND query1"，在程序编辑器窗口中输入如下程序段：

```
SET TALK OFF
CLOSE ALL
USE customer
```

```
ZAP
USE  customer1
DO  WHILE  NOT  EOF()
    SCATTER  TO  a1
    INSERT  INTO  customer  FROM  ARRAY  a1
    SKIP
ENDDO
SELECT  DISTINCT  customer.*  FROM  customer ;
INNER  JOIN  order_list  ON  customer.客户号 = order_list.客户号 ;
ORDER  BY  customer.客户号  INTO  TABLE  results.dbf
```

在命令窗口输入命令："DO query1"，程序将查询结果自动保存到results新表中。

2．在命令窗口输入命令："MODIFY FORM form1"，打开form1.scx表单。修改程序中的错误，正确的程序如下（加粗的部分是修改过的地方）：

```
IF  ThisForm.Text1.Text = ThisForm.Text2.Text        && 原语句缺少Text属性
    WAIT "欢迎使用……" WINDOW  TIMEOUT  1
    ThisForm.Release                                  && 关闭表单应该为Release
ELSE
    WAIT "用户名或口令不对，请重新输入……" WINDOW  TIMEOUT  1
ENDIF
```

选中表单中的第二个文本框控件（Text2），在"属性"窗口中修改该控件的PasswordChar属性值为"*"。

三、综合应用题

【解析】本题考查利用报表设计器完成报表的设计，涉及到报表分组、标题和总结带区的设计以及字体的设计，这些都可以通过"报表"菜单中的命令来完成，其他应注意的地方是数据表和字段的拖动，以及域控件表达式的设置。

【答案】

首先打开表设计器，为order_list表按"客户号"字段建立一个普通索引。

在命令窗口输入命令："CREATE REPORT report1"，打开报表设计器。打开数据环境设计器，将order_list数据表添加到数据环境中。然后将数据环境中order_list表的"订单号"、"订购日期"和"总金额"3个字段依次拖放到报表的细节带区，如图D.16所示。

执行"报表"→"数据分组"菜单命令，系统弹出"数据分组"对话框，在对话框中输入分组表达式"order_list.客户号"，关闭对话框回到报表设计器，可以看到报表设计器中多了两个带区：组标头带区和组注脚带区。将数据环境设计器中order_list表的"客户号"字段拖放到组标头带区，将"总金额"字段拖放到组注脚带区，如图D.17所示。双击"总金额"域控件，系统弹出"报表表达式"对话框，在对话框中单击"计算"命令按钮，在弹出的对话框中选择"总和"单选项，关闭对话框，回到报表设计器。

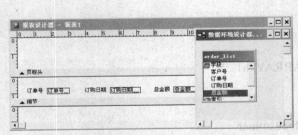

图 D.16　报表设计器及数据环境设计器　　　　图 D.17　"报表设计器"窗口

　　执行"报表"→"标题/总结"菜单命令，弹出"标题/总结"对话框，在对话框中勾选"标题带区"和"总结带区"复选框，如图 D.18所示，为报表增加一个标题带区和一个总结带区，在标题带区设置一个标签，其内容为"订单分组汇总表（按客户）"；然后设置标签字体，执行"格式"→"字体"菜单命令，在弹出的"字体"对话框中，根据题意设置3号黑体字；最后在总结带区设置一个"总金额"标签，再添加一个域控件，在弹出的"报表表达式"中为域控件设置"order_list.总金额"表达式，再单击"计算"命令按钮，在弹出的对话框中选择"总和"单选项，如图 D.19所示。关闭对话框，回到报表设计器。保存报表。利用常用工具栏中的"预览"图标按钮，可预览报表效果。

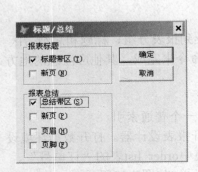

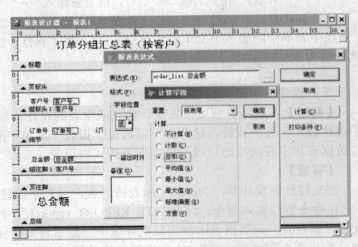

图 D.18　"标题/总结"对话框　　　　　　　　图 D.19　总结带区表达式的设置界面

试题 10

一、基本操作题

　　【解析】本题考查有关数据库及数据库表的基本操作，注意完成每个小题操作的环境。添加表在数据库设计器中完成，新建表、设置表中字段有效性在表设计器中完成，注意自由表设计器和数据库表设计器的区别，在自由表的设计器中不能设置字段的有效性等规则。
　　【答案】略。

二、简单应用题

【解析】第1小题考查对SQL查询语句中函数的掌握情况，本题利用了求平均值函数AVG。第2小题设计中使用了快速报表，不要把它与报表向导弄混淆。设置快速报表的关键是要正确选择数据表，快速报表默认的数据源是当前打开的数据表，如果当前已有数据表打开，在执行"快速报告"菜单命令时就不会出现"打开"对话框，让用户选择数据表，这一点要注意。

【答案】

1. 在命令窗口输入命令："MODIFY COMMAND query1"，在程序编辑器窗口中输入如下程序段：

  SELECT * FROM order_list WHERE order_list.总金额>;

  （SELECT AVG（总金额）FROM order_list）;

  ORDER BY order_list.客户号 INTO TABLE results

在命令窗口执行命令："DO query1"，程序将查询结果自动保存到results新表中。

也可以直接在命令窗口中输入并执行上述SELECT命令语句。

2. 在命令窗口输入命令：

  CLOSE DATABASE   && 关闭当前数据库

  CREATE REPORT   && 新建报表

打开报表设计器后，在主菜单栏中执行"报表"→"快速报表"菜单命令，系统弹出"打开"对话框用来为快速报表设置数据源，在对话框中选择order_detail表。

选择数据源后，系统弹出"快速报表"对话框，根据题意，单击第一个图标按钮，设置横向显示字段，"标题"复选框表示是否为每个字段添加一个字段名标题，勾选该项，并选中"将表添加到数据环境中"选项，如图D.20所示。

执行"报表"→"标题/总结"菜单命令，弹出"标题/总结"对话框，在对话框中勾选"标题带区"，为报表增加一个标题带区，在"报表控件"工具栏中选择"标签"控件图标，为报表标题带区添加一个名为"器件清单"的标签。

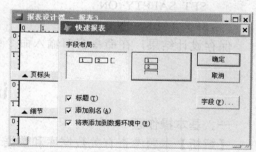

图 D.20   快速报表设计界面

最后在页注脚带区中双击用来显示日期的域控件，在弹出的"报表表达式"对话框中将"表达式"文本框中的"DATE（）"修改为"TIME（）"，用来显示当前时间。保存设计结果，以report1.frx为名将报表保存在考生文件夹下。

三、综合应用题

【解析】本题考查SQL语句应用的掌握情况，包括数据查询、数据修改（插入语句INSERT）等，程序设计过程要注意函数的使用，还要注意复制表和复制表结构命令语句的不同，复制表使用COPY TO命令，复制表结构使用COPY STRUCTURE命令。

【答案】

根据题意，首先在命令窗口输入命令：

  USE order_detail   && 打开order_detail表

  COPY TO od_bak   && 将order_detail表的全部内容复制到od_bak表中

在命令窗口输入命令："MODIFY COMMAND prog1"，在程序编辑窗口中输入如下程序段：

```
SET TALK OFF
SET SAFETY OFF
&& 复制一个表的结构，以便形成新表用来存放结果
USE od_bak
COPY STRUCTURE TO od_new
&& 首先得到所有的新定单号和器件号：
SELECT RIGHT(订单号,1) AS 新订单号,器件名,器件号,RIGHT(订单号,1)+器件号;
 AS newnum;
FROM od_bak GROUP BY newnum ORDER BY 新订单号,器件号 INTO CURSOR temp
DO WHILE NOT EOF()
    && 得到单价和数量
    SELECT MIN(单价) AS 最低价,SUM(数量) AS数量合计 FROM od_bak ;
    WHERE RIGHT(订单号,1)=temp.新订单号 AND 器件号=temp.器件号 ;
    INTO ARRAY afieldsvalue
    INSERT INTO od_new VALUES (temp.新订单号,temp.器件号,temp.器件名, ;
    afieldsvalue(1,1),afieldsvalue(1,2))
    SKIP
ENDDO
CLOSE ALL
SET SAFETY ON
SET TALK ON
```

保存设计结果，在命令窗口输入命令："DO prog1"，执行程序文件。

试题 11

一、基本操作题

【解析】本题考查有关数据库和数据表的基本操作，注意完成每个操作的环境。修改数据表结构以及设置字段有效性应在表设计器中完成，设置数据表之间的永久性联系应在数据库设计器中完成，在完成第3小题，对字段内容进行更新时，可定义一个SQL的UPDATE更新语句对表中字段值快速进行更新。

【答案】

1．打开"雇员"数据表，打开它的表设计器，增加一个新的EMAIL字段，类型为字符型，宽度为20。

2．在表设计器的"字段"选项卡中，选中"性别"字段，然后在右面的"字段有效性"栏的"规则"文本框内输入"性别="男" .OR. 性别="女""，或者"性别$"男女""。在"默认值"文本框内输入"女"。

3．在命令窗口执行如下命令：

```
UPDATE 雇员 SET EMAIL=部门号+雇员号+"@xxx.com.cn"
```

系统自动更新"雇员"数据表中EMAIL字段的内容。

4．参考前面试题答案中的叙述完成操作。

二、简单应用题

【解析】本题第1小题考查表单的基本设置，在修改表单标题时，注意应使用Caption属性来设置标题内容，不要与使用Name属性混淆，Name属性是控件的一个内部名称。修改程序时应正确使用SQL的更新语句的格式："UPDATE <数据表名> SET 字段名=表达式 WHERE <条件>"。第2小题考查菜单设计，注意每个菜单项的菜单级，以及对"结果"下拉列表框中的各个选项的选择，如果某菜单命令有下级菜单，必须为该菜单命令选择"子菜单"结果。

【答案】

按下述语句修改表单中"刷新日期"命令按钮的Click事件程序代码：

　　UPDATE　雇员　SET　日期=DATE()　　　　　　 && 原语句中有语法错误

三、综合应用题

【解析】本题考查表单控件的设计，页框控件属于容器控件，一个页框中可以继续包含其他控件。只有使页框处于"编辑"状态，才可以对页框中所包含的控件进行编辑。利用表格显示数据表中的内容要通过对RecordSourceType和RecordSource两个属性的设置来实现，需要注意的是，在为表格选择数据表时，首先应该将该数据表添加到表单的数据环境中。

【答案】

1．按照前面介绍的视图创建步骤完成视图的设计，并将视图以view1为名保存在数据库中。（注意：必须先打开数据库文件。）

2．在命令窗口输入命令："CREATE FORM form2"，新建表单，打开表单设计器。在表单中添加一个页框控件和一个命令按钮，设置表单和命令按钮的相应属性。选中页框控件，单击右键，进入该控件的编辑状态，将页框中两个页面（Page1和Page2）的Caption属性值分别设置为"部门"和"雇员"。

在数据环境中添加view1视图和"部门"数据表文件。

在表单设计器中，右击PageFrame1页框控件，执行快捷菜单中的"编辑"命令，进入编辑状态，然后在Page1（雇员）页面中添加一个表格控件，设置表格控件的RecordSource属性值为view1视图，RecordSourceType属性值为"1-别名"（用来指定显示视图中的数据），Name属性值为"grdView1"。然后选择"部门"页面，以同样的方法在该页面中添加一个表格控件，并设置RecordSource属性值为"部门"表，RecordSourceType属性值为"0-表"，Name属性值为"grd部门"。运行结果如图D.21所示。

"退出"命令按钮的Click事件程序代码为：ThisForm.Release，用来关闭表单。保存表单设计，退出表单设计器。

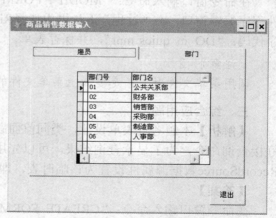

图 D.21　页框表单界面

试题 12

一、基本操作题

【解析】本题考查通过项目管理器来完成的数据库及数据库表的基本操作，建立项目可以直接在命令窗口输入命令来实现，向项目添加数据库及修改数据库表结构可以通过项目管理器中的命令按钮，打开相应的设计器进行操作，数据库表的永久性联系，应在数据库设计器中完成。

【答案】略。

二、简单应用题

【解析】本题第1小题考查SQL简单联接查询，应注意两个表之间用来联接的字段；第2小题考查快捷菜单的设计及使用，快捷菜单是弹出式菜单，一般在鼠标右击事件中调用，在调用菜单时，同样需要使用菜单.mpr扩展名。

【答案】

1．在命令窗口输入命令："MODIFY COMMAND query1"，在程序代码编辑器窗口中输入如下程序段：

```
SELECT 供应.供应商号, 供应.工程号, 供应.数量 FROM 零件, 供应 ;
WHERE 零件.零件号 = 供应.零件号 AND 零件.颜色 = "红" ;
ORDER BY 供应.数量 DESC INTO TABLE sup_temp.dbf
```

在命令窗口执行命令："DO query1"，系统将查询结果自动保存到sup_temp新表中。

也可以不创建query1程序文件，直接在命令窗口中输入并执行上述SQL语句，同样可以将结果保存在sup_temp表中。

2．在命令窗口输入命令："CREATE MENU m_quick"，系统弹出"新建"对话框，在对话框中单击"快捷菜单"图形按钮，打开菜单设计器。根据题目要求，首先输入两个主菜单项，名称分别为"查询"和"修改"，在"结果"下拉列表中选择"命令"或"过程"。最后执行"菜单"→"生成"菜单命令，生成一个菜单执行文件。

在命令窗口输入命令："MODIFY FORM myform"，打开表单设计器，双击表单打开事件程序编辑窗口，在"过程"下拉框中选择RightClick事件，在事件中编写调用快捷菜单的程序代码："DO m_quick.mpr"，并保存表单。

〖注意〗

调用菜单文件时，一定要加上菜单文件的扩展名.mpr。

三、综合应用题

【解析】本题考查表单设计，类同前面题目中的表单设计。程序代码主要是SQL的简单联接查询命令，为了显示查询结果，可以先用一个临时表保存查询结果，然后将表格控件的RecordSource数据源属性设置为该临时表，即可显示查询结果。

【答案】

在命令窗口输入命令："CREATE FORM mysupply"，打开表单设计器，在表单中添加所需的一个表格和两个命令按钮控件。根据题意设置各控件的属性。

"查询"(Command1)命令按钮的Click事件程序代码如下：

```
SELECT 零件.零件名, 零件.颜色, 零件.重量 ;
FROM 零件,供应 WHERE 零件.零件号 = 供应.零件号 ;
AND 供应.工程号 = "J4" INTO CURSOR temp
ThisForm.Grid1.RecordSourceType=1
ThisForm.Grid1.RecordSource="temp"
```
完成设计后保存表单，运行表单。

试题 13

一、基本操作题

【解析】本题考查通过项目管理器来完成的数据库及数据库表的基本操作，建立项目可以直接在命令窗口输入命令来实现，数据库和数据库表的建立及修改，可以通过项目管理器中的命令按钮，打开相应的设计器进行操作。设计菜单时，每个菜单项对应的那一行中都有一个无符号按钮，单击该按钮，可以在弹出的对话框中对相应的菜单项设置快捷键。

【答案】

4．在命令窗口输入命令："MODIFY MENU mymenu"，打开菜单设计器，单击"文件"菜单行的"创建"按钮，进入子菜单设计界面，选中"查找"菜单行，单击该行中"选项"列右侧的无符号按钮，打开"提示选项"对话框中。将光标定位在对话框的"键标签"文本框中，然后按下Ctrl+T组合键，为"查询"子菜单定义快捷键，如图D.22所示。定义快捷键后，无符号按钮上将出现"√"符号，保存菜单设计结果。执行"菜单"→"生成"菜单命令，生成菜单程序。

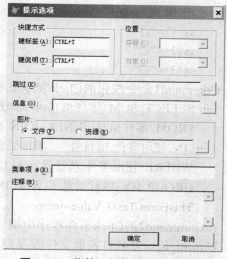

图 D.22　菜单项的快捷键设置界面

二、简单应用题

【解析】在本题第1小题的程序设计中，要注意在每两个表之间进行关联设置。另外，查询在"s1"项目号的项目中所使用的任意一个零件时，需要用到特殊的IN包含运算符；第2小题考查建立视图的操作，要注意数据表中字段的选取以及筛选条件的设置。

【答案】

1．在命令窗口输入并执行如下命令：
```
SELECT 项目信息.项目号, 项目信息.项目名, 零件信息.零件号, 零件信息.零件名称 ;
FROM 零件信息 INNER JOIN 使用零件 INNER JOIN 项目信息 ;
ON 使用零件.项目号 = 项目信息.项目号 ON 零件信息.零件号 = 使用零件.零件号 ;
WHERE 使用零件.零件号 IN （SELECT 零件号 FROM 使用零件 WHERE 项目号="s1"）;
INTO TABLE item_temp ORDER BY 使用零件.项目号 DESC
```
在考生文件夹下新建item.txt文本文件，将以上命令复制到文件中，保存设计结果。

2．参考前面介绍的视图设计方法。

三、综合应用题

【解析】本题主要考查表单中组合框的设置操作，组合框控件用RowSourceType属性和RowSource属性显示数据。在程序设计中，利用SQL语句在数据表中查找与选中条目相符的字段值进行统计，属于简单查询，可将查询结果保存到一个数组中，然后通过文本框的Value属性将结果显示在文本框中。

【答案】

新建一个表单文件，进入表单设计器。

在"属性"窗口中设置 Form1 表单的 Name 属性为"form_item"，Caption 属性为"使用零件情况统计"。使用"表单控件"工具栏在表单上设置一个组合框、两个按钮和一个文本框。在"属性"窗口中设置组合框的 RowSourceType 属性为"数组"，RowSource 属性为"ss"数组名，Style 属性为"2-下拉列表框"。设置 Command1 按钮的 Caption 属性为"统计"，Command2 按钮的 Caption 属性为"退出"，结果参见图 D.23。

编写事件程序代码：

双击表单界面，进入代码编辑器窗口，选中表单的Load过程，编写如下代码：

```
PUBLIC ss(3)
ss(1)="s1"
ss(2)="s2"
ss(3)="s3"
```

Command1命令按钮的Click事件程序代码如下：

```
SELECT SUM（零件信息.单价*使用零件.数量）;
FROM 零件信息 INNER JOIN 使用零件 INNER JOIN 项目信息;
ON 使用零件.项目号 = 项目信息.项目号 ON 零件信息.零件号 = 使用零件.零件号;
WHERE 使用零件.项目号 =ALLTRIM（ThisForm.Combo1.Value）;
GROUP BY 项目信息.项目号 INTO ARRAY temp
ThisForm.Text1.Value=temp
```

在Command2的Click事件程序中编写代码：ThisForm.Release。

以form_item为名将表单文件保存到考生文件下。运行表单，结果如图D.24所示。

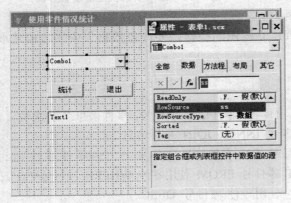

图 D.23　表单设计界面

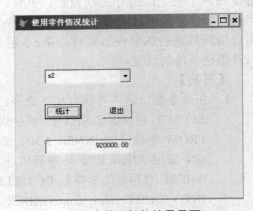

图 D.24　表单运行的结果界面

试题 14

一、基本操作题

【解析】本题主要考查对数据表的一些基本操作，向数据库添加数据表以及对数据表进行联接和设置参照完整性都在数据库设计器中完成。对数据表建立索引在数据表设计器中完成，要注意的是，当索引表达式是多个字段的组合时，必须保证字段的类型相同，如果不同就要转换成相同的类型，一般是转换成字符型。

【答案】

1．在命令窗口输入命令："MODIFY DATABASE ecommerce"，打开数据库设计器，将考生文件夹下的orderitem表添加到数据库中。

2．右击数据库设计器中的orderitem表，执行"修改"快捷菜单命令，弹出表设计器，进入表设计器的"索引"选项卡，在"索引名"列中输入"pk"，在"索引类型"列中选择"主索引"，在"索引表达式"列中输入"会员号+商品号"。

3．用同样的方法再为orderitem创建两个普通索引(升序)，一个索引名和索引表达式均是"会员号"，另一个索引名和索引表达式均是"商品号"，单击"确定"按钮，保存表结构。

4．建立好永久性联系之后，单击两个表之间连线，线会变粗，此时在主窗口中执行"数据库"→"编辑参照完整性"菜单命令(系统首先要求清理数据库)，弹出"参照完整性生成器"对话框，在"更新规则"选项卡中，选择"级联"规则，在"删除"规则中选择"限制"，在"插入规则"中选择"限制"，单击"确定"按钮保存所编辑的参照完整性。

二、简单应用题

【解析】本题第1小题考查怎样建立查询,在查询设计器的对应选项卡中为查询设置条件,值得注意的是,要生成新的字段应通过"表达式生成器"对话框进行操作。第2小题主要考查怎样利用表单向导建立一个表单,应注意在每个向导界面完成相应的设置。

【答案】具体操作参考前面试题答案中介绍的查询设计以及利用表单向导创建表单的方法。

三、综合应用题

【解析】本题主要考查表单控件的设计,包括在表单界面上创建页框控件的操作,以及将数据环境中的数据表拖放到页框控件中每一页上的操作。注意：要成功完成页框中各控件的设置,必须使页框进入编辑状态。

【答案】参考前面试题7中综合应用题的有关叙述,结果如图D.25所示。

图 D.25　表单运行结果

试题 15

一、基本操作题

【解析】 本题主要考查数据库和自由表之间的联系，以及怎样建立字段索引。向数据库中添加表可以通过数据库设计器来完成，建立索引可以在数据表设计器中完成。

【答案】略。

二、简单应用题

【解析】本题第1小题主要考查对表单Caption属性的认识，Caption属性用来显示对象上呈现在界面上的文字，不要把它与Name（名称）属性弄混淆了。要改变控件上显示文字的字体和字号，可修改FontName和FontSize属性。第2小题考查SQL多表联接查询，在统计出版了3本以上图书的作者信息时，需要使用COUNT()函数。

【答案】

1．略。

2．在命令窗口输入命令："CREATE FORM myform4"，新建一个表单。向表单添加Command1和Command2两个命令按钮，将两个按钮的Caption属性值分别改为"查询"和"退出"。

双击Command1命令按钮，在打开的代码编辑器窗口中输入以下代码：

```
SELECT authors.作者姓名, authors.所在城市 ;
FROM authors,books WHERE authors.作者编号 = books.作者编号;
GROUP BY authors.作者姓名, authors.所在城市;
HAVING COUNT（books.图书编号） >= 3;
ORDER BY authors.作者姓名 INTO TABLE newview
```

运行表单，单击"查询"命令按钮。

三、综合应用题

【解析】完成本题中，复制表记录可使用SQL查询来实现，将所有记录复制到一个新表中；利用UPDATE语句可更新数据表中的记录，最后统计"均价"的时候，可以先将查询结果存入一个临时表中，然后再利用SQL语句对临时表中的记录进行相应操作，将结果存入指定的数据表中。

【答案】

在命令窗口输入下面叙述的命令，完成所需的操作。

1．将books表中所有书名中含有"计算机"3个字的图书复制到booksbak表中：

```
SELECT * FROM books WHERE AT("计算机",书名)>0 INTO TABLE booksbak
```

或者

```
SELECT * FROM books WHERE "计算机"$书名 INTO TABLE booksbak
```

2．价格在原价格基础上降价5%：

```
UPDATE booksbak SET 价格=价格*0.95
```

3．查询出各个图书的均价放到临时表中：

```
SELECT 出版单位,AVG（价格） AS 均价 FROM booksbak INTO CURSOR cursor1 ;
GROUP BY 出版单位 ORDER BY 均价
```

在临时表中查询均价高于25的图书中价格最低的出版社名称和均价：

SELECT * TOP 1 FROM cursor1 WHERE 均价>=25 INTO TABLE newtable ;
ORDER BY 均价

试题 16

一、基本操作题

【解析】本题考查通过项目管理器完成的数据库及数据库表的基本操作，建立项目可以直接在命令窗口输入命令来实现；数据库的建立及数据库表的添加，可以通过项目管理器中的命令按钮，打开相应的设计器进行操作。

【答案】略。

二、简单应用题

【解析】本题第1小题考查SQL多表联接查询，注意对每两个表之间进行关联字段的选择。第2小题主要考查怎样在表单中调用菜单文件，其中的菜单文件已经设计好，要在表单运行该菜单，首先要将该表单设置为顶层表单，然后在表单的Init(初始化)事件中调用菜单文件，即可在运行表单的同时，自动调用菜单文件。

【答案】

1．查询语句如下：

SELECT book.书名, book.作者, book.价格 FROM book INNER JOIN lends ;
INNER JOIN borrows ON lends.借书证号 = borrows.借书证号 ON ;
book.图书登记号 = lends.图书登记号 WHERE borrows.姓名 = "田亮" ;
ORDER BY book.价格 DESC INTO TABLE booktemp.dbf

在命令窗口输入并执行上述命令，系统会将查询结果自动保存到新表中。

2．使用主窗口"文件"→"新建"菜单命令，打开表单设计器，在表单的"属性"窗口中设置表单的ShowWindow属性为"2-作为顶层表单"。双击表单打开代码编辑窗口，选择表单对象的Init事件输入以下代码。

DO menu_lin.mpr WITH This　　　　　　　&&本题中菜单程序已做好

单击工具栏上的保存按钮，将表单保存为frmmenu.scx。运行表单，结果如图D.26所示。

三、综合应用题

【解析】本题主要考查对表单组合框的设置，RowSourceType和RowSource是该控件用来显示数据的重要属性。在程序中，利用SQL语句在数据表中查找与选中条目相符的字段值进行统计，这种SQL语句属于简单查询。

【答案】怎样完成本题可以参考试题13的有关叙述，只是要注意应将组合框的RowSourceType设置为"1-值"，在RowSource属性中输入"清华,北航,科学"。

Command1命令按钮的Click事件程序代码：

SELECT count(*) FROM book WHERE 出版社=ThisForm.Combo1.Value INTO ARRAY temp
ThisForm.Text1.Value=temp(1)

以formbook.scx为名将表单文件保存到考生文件下，运行表单，结果如图D.27所示。

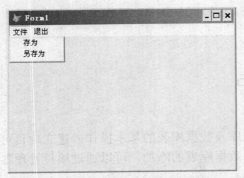

图 D.26　在顶层表单中显示菜单

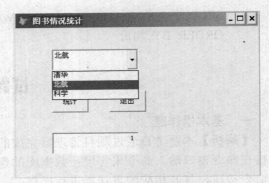

图 D.27　组合框查询表单界面

试题 17

一、基本操作题

【解析】本题考查数据库表的基本操作，主要考查通过表设计器创建索引、设置字段默认值、增加新字段等操作；同时，还考查在数据库设计器中设置数据表之间的关联和参照完整性操作。注意，创建索引时，如果索引表达式是组合的字段，必须保证各字段类型相同。

【答案】略。

二、简单应用题

【解析】本题第1小题考查利用表单向导创建表单的方法，注意，创建表单过程中，在选择命令按钮的样式时应选择"图片按钮"。第2小题考查SQL查询的掌握情况，在本题的SQL查询中要使用计算函数。

【答案】

2. 该题中程序修改后的结果代码如下(以下代码根据排版需要，改变了原程序行数)：

```
OPEN DATABASE SELLDB
SELECT S_T.部门号,部门名,年度,;
    一季度销售额+二季度销售额+三季度销售额+四季度销售额 AS 全年销售额, ;
    一季度利润+二季度利润+三季度利润+四季度利润 AS 全年利润, ;
    (一季度利润+二季度利润+三季度利润+四季度利润) / (一季度销售额+二季度销售额 ;
    +三季度销售额+四季度销售额) AS 利润率;
    FROM s_t, dept WHERE s_t.部门号 = dept.部门号 ;
    GROUP BY 年度, 利润率 DESC INTO TABLE s_sum
```

三、综合应用题

【解析】本题考查在表单上设置微调控件的操作，以及以微调控件的数据为查询源进行查询的处理。对微调控件的操作主要涉及SpinnerHighValue（上箭头）属性和SpinnerLowValue（下箭头）属性的设置。要注意表单文件名和表单名的区别。

【答案】

在命令窗口输入"CREATE FORM sd_select"，打开表单设计器。在表单的数据环境中添加 s_t 数据表；同时，在界面上添加一个微调控件，设置其 SpinnerHighValue 属性为 2010,

SpinnerLowValue 属性为 1999，Value 属性为 2003。另外再添加一个表格控件和"查询"、"退出"两个命令按钮，并设置各控件的属性。

Command1（查询）命令按钮的 Click 事件程序代码：

```
SELECT * FROM s_t WHERE 年度=ALLTRIM(STR(ThisForm.Spinner1.Value)) ;
INTO CURSOR temp
ThisForm.Grid1.RecordSourceType="1-别名"    &&也可以在属性窗口中设置该属性
ThisForm.Grid1.RecordSource="temp"
```

试题 18

一、基本操作题

【解析】本题主要考查数据库和数据表之间的联系以及字段索引的建立。新建数据库可以通过菜单命令、工具栏按钮或直接输入命令完成，添加和修改数据库中的数据表可以通过数据库设计器完成，建立表索引可以在表设计器中完成。

【答案】略。

二、简单应用题

【解析】本题第1小题主要考查视图的建立及查询，可以在视图设计器中根据题意为数据表建立view_order视图，并在视图设计器的对应选项卡中为视图设置条件，然后通过SQL查询语句对视图进行查询，并将输出去向设定为表。第2小题主要考查创建菜单的操作。

【答案】 参考前面试题答案中视图、菜单的创建方法完成。

三、综合应用题

【解析】本题考查怎样通过对表单控件编写事件代码来完成对数据的查询操作，命令按钮的单击事件代码存放在Click事件程序中，修改控件属性可以在"属性"窗口中完成，在本题程序中，可以通过DO WHILE…ENDDO循环来依次判断数据表中的每条记录，然后通过条件语句进行分类统计。

【答案】

在命令窗口输入命令："CREATE FORM myform"，打开表单设计器；在表单上添加Command1和Command2两个命令按钮，分别设置其Name属性为cmdyes和cmdno，两个按钮的Caption属性分别设置为"计算"和"关闭"。

双击cmdyes（计算）命令按钮，在Click事件程序中编写如下代码：

```
SET TALK OFF
USE score
REPLACE ALL 学分 WITH 0
GO TOP
DO WHILE .NOT. EOF()
    IF 物理>=60
        REPLACE 学分 WITH 学分+2
    ENDIF
    IF 高数>=60
```

```
        REPLACE  学分  WITH  学分+3
    ENDIF
    IF  英语>=60
        REPLACE  学分  WITH  学分+4
    ENDIF
    SKIP
ENDDO
USE
SELECT * FROM score ORDER BY 学分,学号 DESC INTO TABLE xf
SET TALK ON
```

保存表单，在命令窗口输入命令："DO FORM myform"。在运行的表单界面中单击"计算"命令按钮，系统将计算结果自动保存到xf新表中。

附录E 2013年3月全国计算机等级考试无纸化 二级 Visual FoxPro 数据库程序设计试题

（考试时间 120 分钟，满分 100 分）

图 E.1—图 E.4 为全国计算机等级考试无纸化系统登录过程界面：

图 E.1　开始界面

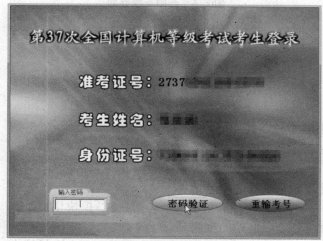

图 E.2　确认信息界面

图 E.3　考试须知界面

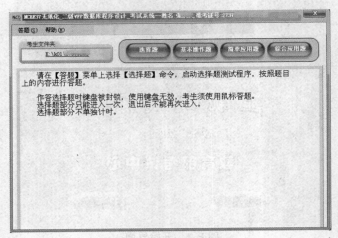

图 E.4　开始答题界面

无纸化考试真题第 1 套

一、选择题（每小题 1 分，共 40 分）

1. 程序流程图中带有箭头的线段表示的是（　　）。
   A)图元关系　　　　　　B)数据流　　　　　　C)控制流　　　　　　D)调用关系
2. 结构化程序设计的基本原则不包括（　　）。
   A)多态性　　　　　　　B)自顶向下　　　　　C)模块化　　　　　　D)逐步求精
3. 软件设计中模块划分应遵循的准则是（　　）。
   A)低内聚低耦合　　　　　　　　　　　　　　B)高内聚低耦合
   C)低内聚高耦合　　　　　　　　　　　　　　D)高内聚高耦合

4. 在软件开发中，需求分析阶段产生的主要文档是(　　)。

   A)可行性分析报告　 B)软件需求规格说明书

   C)概要设计说明书　 D)集成测试计划

5. 算法的有穷性是指(　　)。

   A)算法程序的运行时间是有限的　 B)算法程序所处理的数据量是有限的

   C)算法程序的长度是有限的　 D)算法只能被有限的用户使用

6. 对长度为n的线性表排序，最坏情况下，比较次数不是n(n-1)/2的排序方法是(　　)。

   A)快速排序　 B)冒泡排序　 C)直接插入排序　 D)堆排序

7. 下列关于栈的叙述中，正确的是(　　)。

   A 栈按"先进先出"组织数据　 B)栈按"先进后出"组织数据

   C)只能在栈底插入数据　 D)不能删除数据

8. 在数据库设计中，将E－R图转换成关系数据模型的过程属于(　　)。

   A)需求分析阶段　 B)概念设计阶段

   C)逻辑设计阶段　 D)物理设计阶段

9. 有三个关系R、S和T如下，由关系R和S通过运算得到关系T，则所使用的运算为(　　)。

R		
B	C	D
a	0	k1
b	1	n1

S		
B	C	D
f	3	h2
a	0	k1
n	2	x1

T		
B	C	D
a	0	k1

   A)并　 B)自然连接　 C)笛卡尔积　 D)交

10. 设有表示学生选课的三张表，学生S(学号，姓名，性别，年龄，身份证号)，课程C(课号，课名)，选课SC(学号，课号，成绩)，则表SC的关键字(键或码)为(　　)。

   A)课号，成绩　 B)学号，成绩

   C)学号，课号　 D)学号，姓名，成绩

11. 设 X="11"，Y="1122"，下列表达式中结果为假的是(　　)。

   A)NOT(X==Y)AND (X$Y)　 B)NOT(X$Y) OR (X<>Y)

   C)NOT(X>=Y)　 D)NOT(X$Y)

12. 以下是与设置系统菜单有关的命令，其中错误的是(　　)。

   A)SET SYSMENU DEFAULT　 B)SET SYSMENU TO DEFAULT

   C)SET SYSMENU NOSAVE　 D)SET SYSMENU SAVE

13. 在下面的Visual FoxPro表达式中，运算结果不为逻辑真的是(　　)。

   A)EMPTY(SPACE(0))　 B)LIKE('xy*', 'xyz')

   C)AT('xy', 'abcxyz')　 D)ISNULL(.NULL.)

14. 在Visual FoxPro中，宏替换可以从变量中替换出(　　)。

   A)字符串　 B)数值　 C)命令　 D)以上三种都可能

15. 在Visual FoxPro中，用于建立或修改程序文件的命令是(　　)。

   A)MODIFY 〈文件名〉　 B)MODIFY COMMAND 〈文件名〉

   C)MODIFY PROCEDURE 〈文件名〉　 D)MODIFY PROGRAM 〈文件名〉

16. 在Visual FoxPro中，程序中不需要用PUBLIC等命令明确声明和建立即可直接使用的

内存变量是（　　）。

    A) 局部变量　　　　　B) 私有变量　　　　　C) 公共变量　　　　　D) 全局变量

17. 执行USE sc IN 0命令的结果是（　　）。

    A) 选择0号工作区打开sc表　　　　　　　　B) 选择空闲的最小号工作区打开sc表

    C) 选择第1号工作区打开sc表　　　　　　　D) 显示出错信息

18. 向一个项目中添加一个数据库，应该使用项目管理器的（　　）。

    A) "代码"选项卡　　　　　　　　　　　　B) "类"选项卡

    C) "文档"选项卡　　　　　　　　　　　　D) "数据"选项卡

19. 在查询设计器环境中，"查询"菜单下的"查询去向"不包括（　　）。

    A) 临时表　　　　　B) 表　　　　　C) 文本文件　　　　　D) 屏幕

20. Modify Command命令建立的文件的默认扩展名是（　　）。

    A) prg　　　　　　　B) app　　　　　　　C) cmd　　　　　　　D) exe

21. 扩展名为mpr的文件是（　　）。

    A) 菜单文件　　　　　B) 菜单程序文件　　　　　C) 菜单备注文件　　　　　D) 菜单参数文件

22. 打开已经存在的表单文件的命令是（　　）。

    A) MODIFY FORM　　　　　　　　　　　B) EDIT FORM

    C) OPEN FORM　　　　　　　　　　　　D) READ FORM

23. 在菜单中，可以在定义菜单名称时为菜单项指定一个访问键。规定菜单项的访问键为"x"的菜单名称定义是（　　）。

    A) 综合查询<(x)　　　　　　　　　　　B) 综合查询/<(x)

    C) 综合查询(\<x)　　　　　　　　　　　D) 综合查询(/<x)

24. 设置表单标题的属性是（　　）。

    A) Title　　　　　　B) Text　　　　　　C) Biaoti　　　　　　D) Caption

25. 释放和关闭表单的方法是（　　）。

    A) Release　　　　　B) Delete　　　　　C) LostFocus　　　　　D) Destroy

26. 数据库(DB)、数据库系统(DBS)和数据库管理系统(DBMS)三者之间的关系是（　　）。

    A) DBS包括DB和DBMS　　　　　　　　B) DBMS包括DB和DBS

    C) DB包括DBS和DBMS　　　　　　　　D) DBS就是DB，也就是DBMS

27. 在Visual FoxPro中，若所建立索引的字段值不允许重复，并且一个表中只能创建一个，这种索引应该是（　　）。

    A) 主索引　　　　　B) 唯一索引　　　　　C) 候选索引　　　　　D) 普通索引

28. 在SQL SELECT语句中为了将查询结果存储到临时表，应该使用短语（　　）。

    A) TO CURSOR　　　B) INTO CURSOR　　　C) INTO DBF　　　D) TO DBF

29. SQL语句中删除视图的命令是（　　）。

    A) DROP TABLE　　　　　　　　　　　B) DROP VIEW

    C) ERASE TABLE　　　　　　　　　　　D) ERASE VIEW

30. 设有订单表order(订单号，客户号，职员号，签订日期，金额)，查询2011年所签订单的信息，并按金额降序排序，正确的SQL命令是（　　）。

    A) SELECT * FROM order WHERE YEAR(签订日期)＝2011 ORDER BY 金额 DESC

B) SELECT * FROM order WHILE YEAR（签订日期）=2011 ORDER BY 金额 ASC

C) SELECT * FROM order WHERE YEAR（签订日期）=2011 ORDER BY 金额 ASC

D) SELECT * FROM order WHILE YEAR（签订日期）=2011 ORDER BY 金额 DESC

31. 设有订单表order（订单号，客户号，职员号，签订日期，金额），删除2012年1月1日以前签订的订单记录，正确的SQL命令是（　　　）。

    A) DELETE TABLE order WHERE 签订日期<{^2012-1-1}

    B) DELETE TABLE order WHILE 签订日期>{^2012-1-1}

    C) DELETE FROM order WHERE 签订日期<{^2012-1-1}

    D) DELETE FROM order WHILE 签订日期>{^2012-1-1}

32. 为"运动员"表增加一个"得分"字段的正确的SQL命令是（　　　）。

    A) CHANGE TABLE 运动员 ADD 得分 I

    B) ALTER DATA 运动员 ADD 得分 I

    C) ALTER TABLE 运动员 ADD 得分 I

    D) CHANGE TABLE 运动员 INSERT 得分 I

33. 计算每名运动员"得分"的正确SQL命令是（　　　）。

    A) UPDATE 运动员 FIELD 得分=2*投中2分球+3*投中3分球+罚球

    B) UPDATE 运动员 FIELD 得分 WITH 2*投中2分球+3*投中3分球+罚球

    C) UPDATE 运动员 SET 得分 WITH 2*投中2分球+3*投中3分球+罚球

    D) UPDATE 运动员 SET = WITH 2*投中2分球+3*投中3分球+罚球

34. 检索"投中3分球"小于等于5个的运动员中"得分"最高运动员的"得分"，正确SQL命令是（　　　）。

    A) SELECT MAX（得分）得分 FROM 运动员 WHERE 投中3分球<=5

    B) SELECT MAX（得分）得分 FROM 运动员 WHEN 投中3分球<=5

    C) SELECT 得分=MAX（得分）FROM 运动员 WHERE 投中3分球<=5

    D) SELECT 得分=MAX（得分）FROM 运动员 WHEN 投中3分球<=5

35. 在SQL SELECT查询中，为了使查询结果排序必须使用短语（　　　）。

    A) ASC   B) DESC   C) GROUP BY   D) ORDER BY

36. 查询单价在600元以上的主机板和硬盘的正确SQL命令是（　　　）。

    A) SELECT * FROM 产品 WHERE 单价>600 AND （名称='主机板' AND 名称='硬盘'）

    B) SELECT * FROM 产品 WHERE 单价>600 AND （名称='主机板' OR 名称='硬盘'）

    C) SELECT * FROM 产品 FOR 单价>600 AND （名称='主机板' AND 名称='硬盘'）

    D) SELECT * FROM 产品 FOR 单价>600 AND （名称='主机板' OR 名称='硬盘'）

37. 查询客户名称中有"网络"二字的客户信息的正确SQL命令是（　　　）。

    A) SELECT * FROM 客户 FOR 名称 LIKE "%网络%"

    B) SELECT * FROM 客户 FOR 名称 = "%网络%"

    C) SELECT * FROM 客户 WHERE 名称 = "%网络%"

D) SELECT * FROM 客户 WHERE 名称 LIKE "%网络%"

38. 在表单中为表格控件指定数据源的属性是（　　　）。

A) DataSource　　　　B) DataFrom　　　　C) RecordSource　　　　D) RecordFrom

39. 在 Visual FoxPro 中，假设表单上有一选项组：○男 ⊙女，初始时该选项组的 Value 属性值为1。若选项按钮"女"被选中，该选项组的 Value 属性值是（　　　）。

A) 1　　　　B) 2　　　　C) "女"　　　　D) "男"

40. 在 Visual FoxPro 中，报表的数据源不包括（　　　）。

A) 视图　　　　B) 自由表　　　　C) 查询　　　　D) 文本文件

二、基本操作（共 4 小题，第 1、2 题是 4 分、第 3、4 题是 5 分，计 18 分）

1. 创建一个新的项目 sdb_p，并在该项目中创建数据库 sdb。

2. 将考生文件夹下的自由表 student 和 sc 添加到 sdb 数据库中。

3. 在 sdb 数据库中建立 course 表，表结构如下：

字段名	类型	宽度
课程号	字符型	2
课程名	字符型	20
学时	数值型	2

然后向表中输入 6 条记录，记录内容如下（注意大小写）：

课程号	课程名	学时
c1	C++	60
c2	Visual FoxPro	80
c3	数据结构	50
c4	JAVA	40
c5	Visual BASIC	40
c6	OS	60

4. 为 course 表创建一个主索引，索引名为 cno，索引表达式为"课程号"。

三、简单应用（共 2 小题，每题 12 分，计 24 分）

1. 根据 sdb 数据库中的表，用 SQL SELECT 命令查询学生的学号、姓名、课程名和成绩，结果按"课程名"升序排序，"课程名"相同时按"成绩"降序排序，并将查询结果存储到 sclist 表中。

2. 使用表单向导选择 student 表生成一个名为 form1 的表单。要求选择 student 表中所有字段，表单样式为"阴影式"；按钮类型为"图片按钮"；排序字段选择"学号"（升序）；表单标题为"学生基本数据输入维护"。

四、综合应用（共 2 小题，每题 9 分，计 18 分）

1. 打开基本操作中建立的 sdb 数据库，使用 SQL 的 CREATE VIEW 命令定义一个名称为 sview 的视图，该视图的 SELECT 语句完成查询：选课门数是 3 门以上（不包含 3 门）的学生的学号、姓名、平均成绩、最低分和选课门数，并按"平均成绩"降序排序。最后将定义视图的命令代码存放到 t1.prg 命令文件中，并执行该文件。接着利用报表向导制作一个报表。要求选择 sview 视图中所有字段；记录不分组；报表样式为"随意式"，排序字段为"学号"（升序）；报表标题为"学生成绩统计一览表"；报表文件名为 pstudent。

2. 设计一个名为 form2 的表单，表单上有"浏览"（名称为 Command1）和"打印"（名称为 Command2）两个命令按钮。鼠标单击"浏览"命令按钮时，先打开 sdb 数据库，然后执行 SELECT 语句查询前面定义的 sview 视图中的记录（只有两条命令，不可以有多余命令），鼠标单击"打印"命令按钮时，调用 pstudent 报表文件浏览报表的内容（只有一条命令，不可以有多余命令）。

无纸化考试真题第 1 套答案

（仅供参考）

一、选择题

1- 5：BABBA　　　　6-10：DBCDC
11-15：DACAB　　　　16-20：BBDCA
21-25：BACDA　　　　26-30：AABBA
31-35：CCCAD　　　　36-40：BDCBD

二、基本操作题

【解析】本题考查通过项目管理器完成的一些数据库及数据库表的基本操作，可以直接在命令窗口输入命令建立项目，通过项目管理器中的命令按钮，可以打开相应的设计器建立数据库和数据表。

【答案】

1. 在命令窗口输入命令："CREATE PROJECT sdb_p"，建立一个新的项目，打开项目管理器，如图 E.5 所示。进入"数据"选项卡，然后选中列表框中的"数据库"，单击选项卡右边的"新建"命令按钮，系统弹出"新建数据库"对话框，在对话框中单击"新建数据库"图标按钮，系统接着弹出"创建"对话框，在"数据库名"文本框内输入新的数据库名称"sdb"，然后单击"保存"命令按钮。

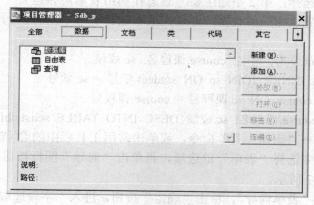

图 E.5 项目管理器窗口

2. 新建数据库后，系统弹出数据库设计器，在设计器中右击鼠标，执行"添加表"快捷菜单命令，系统弹出"打开"对话框，将 student 和 sc 两个数据表依次添加到数据库中。

3. 创建新表的步骤：用鼠标右键单击数据库设计器，选择"新建表"快捷菜单命令，在弹出的对话框中单击"新建表"图标按钮，系统弹出"创建"对话框，在对话框的"输入表名"文本框中输入 course 文件名，保存在考生文件夹下，进入表设计器。根据题意，在表设计器的"字段"选项卡中，依次输入每个字段的字段名、类型和宽度，保存表结构设计，并自动退出数据表设计器。

输入新记录的步骤：选择"显示"菜单的"浏览"菜单项，进入表的浏览状态，再从"显示"菜单中选择"追加模式"，才能在表中依次添加 6 条记录。

4. 进入 course 表的表设计器的"索引"选项卡，在"索引"列的文本框中输入"cno"索引，在"类型"下拉框中选择索引类型为"主索引"，在"表达式"列中输入"课程号"作为索引表达式，如图 E.6 所示。

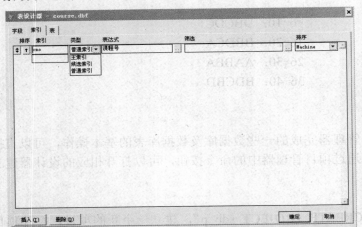

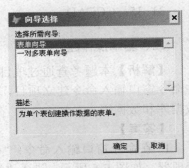

图 E.6 数据表设计器   图 E.7 "向导选择"对话框

二、简单应用题

【解析】本题第 1 小题考查的是多表查询的建立以及设置查询去向，在设置查询去向的时候，应该注意表的选择；第 2 小题主要考查怎样利用表单向导建立一个表单，只要根据向导的每个界面提示，完成相应的设置，即可完成本题。

【答案】

1. SELECT student.学号, 姓名, course.课程名, sc.成绩 ;
   FROM student INNER JOIN sc ON student.学号 = sc.学号 ;
   INNER JOIN course ON sc.课程号 = course.课程号 ;
   ORDER BY course.课程名, sc.成绩 DESC INTO TABLE sclist.dbf

2. 执行"文件"→"新建"菜单命令，或单击常用工具栏中的 □(新建)图标按钮，在弹出的"新建"对话框中选择"表单"单选项，再单击"向导"图标按钮，系统弹出"向导选择"对话框，如图 E.7 所示。

在列表框中选择"表单向导"，单击"确定"按钮，进入"字段选取"界面，如图 E.8 所示。从"数据库和表"下拉列表框中选择 sdb 数据库和 student 数据表，student 表的字段将显示在"可用字段"列表框中，从中可以选择所需的字段。根据题意，单击 ►►（全部添加）按钮，将所有字段全部添加到"选定字段"列表框中，如图 E.9 所示。

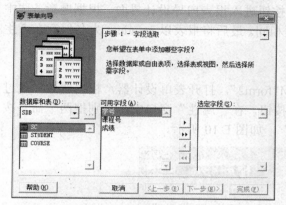

图 E.8　字段选取对话框（1）

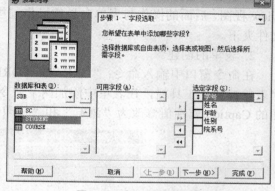

图 E.9　字段选取对话框（2）

单击 下一步(N)> 按钮进入"选择表单样式"界面，在"样式"列表框中选择"阴影式"，"按钮类型"选项组中选择"图片按钮"选项。

再单击 下一步(N)> 按钮进入"排序次序"设计界面，将"可用字段或索引标识"列表框中的"学号"字段添加到右边的"选定字段"列表框中，并选择"升序"单选项。

再单击 下一步(N)> 按钮，进入最后的"完成"设计界面，在"请键入表单标题"文本框中输入"学生基本数据输入维护"做为表单的标题，单击 完成(F) 命令按钮，在系统弹出的"另存为"对话框中，将表单以 form1 为名保存在考生文件夹下，并退出表单设计向导。

三、综合应用题

【解析】本题第 1 小题考查视图的建立以及视图在报表中的应用，可以在视图设计器中建立视图，也可以直接由 SQL 命令定义视图（本题应该采用命令方式完成），要注意的是在定义视图之前，首先应该打开相应的数据库文件，因为视图要保存在数据库中，在磁盘上找不到相应的视图文件；设计报表时要注意根据每个向导界面的提示完成操作。第 2 小题的表单设计中，要注意控件属性的修改和事件程序的编写，注意报表的预览命令格式。设计该表单为一些基本的操作。

【答案】

1．本题要分成两步完成。

① 先创建视图，将创建视图的命令存放到 t1.prg 程序文件中。在命令窗口输入命令："MODIFY COMMAND t1"，打开程序文件编辑窗口，输入如下程序段：

```
OPEN DATABASE sdb
CREATE VIEW sview AS SELECT sc.学号, 姓名, AVG（成绩） AS 平均成绩, ;
MIN（成绩） AS 最低分, ;
COUNT（课程号） AS 选课数 FROM sc, student WHERE sc.学号=student.学号 ;
GROUP BY sc.学号, 姓名 HAVING COUNT（课程号）>3 ORDER BY 平均成绩 DESC
```

注意，输出结果中要包含的字段只能是分组的字段或汇总结果。

在命令窗口执行命令："DO t1"就可以执行程序，完成所需的操作。

② 创建报表。在工具栏中单击"新建"图标按钮，打开"新建"对话框。在"新建"对话框中选择"报表"选项，单击"向导"命令按钮，打开"向导选择"对话框，在"向导选择"对话框中选择"报表向导"，单击"确定"按钮进入报表向导设计界面。根据题意，选中sview 视图，后面的操作与表单向导的操作过程相同。最后将报表以 pstudent 为名保存在考生文件夹下。

2. 表单的创建。

在命令窗口中输入命令："CREATE FORM form2"，打开表单设计器，根据题意，通过"表单控件"工具栏，在表单中添加两个命令按钮，在"属性"窗口中，分别把两个命令按钮的 Caption 属性值修改为"浏览"和"打印"，如图 E.10 所示。

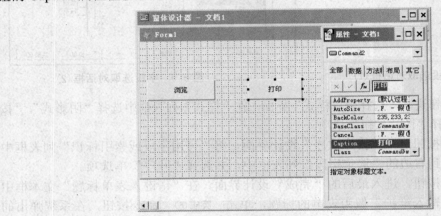

图 E. 10 表单界面及属性窗口

双击"浏览"(Command1)命令按钮，进入代码编辑窗口，在 Command1 命令按钮的 Click 事件中编写如下代码：

```
OPEN DATABASE sdb
SELECT * FROM sview
```

以同样的方法为"打印"命令按钮编写 Click 事件程序代码：

```
REPORT FORM pstudent.frx PREVIEW
```

最后保存表单，完成设计。

无纸化考试真题第2套

一、选择题（每小题 1 分，共 40 分）

1. 一个栈的初始状态为空。现将元素 1、2、3、4、5、A、B、C、D、E 依次入栈，然后再依次出栈，则出栈的顺序是（　　）。

   A）12345ABCDE   B）EDCBA54321

   C）ABCDE12345   D）54321EDCBA

2. 下列叙述中正确的是（　　）。

   A）循环队列有队头和队尾两个指针，因此，循环队列是非线性结构

   B）在循环队列中，只需要队头指针就能反映队列中元素的动态变化情况

   C）在循环队列中，只需要队尾指针就能反映队列中元素的动态变化情况

   D）循环队列中元素的个数由队头指针和队尾指针共同决定

3. 在长度为 n 的有序线性表中进行二分查找，最坏情况下需要比较的次数是（　　）。

   A）O(n)   B）O(n^2)   C）O($\log_2 n$)   D）O($n \log_2 n$)

4. 下列叙述中正确的是（　　）。

   A）顺序存储结构的存储一定是连续的，链式存储结构的存储空间不一定是连续的

   B）顺序存储结构只针对线性结构，链式存储结构只针对非线性结构

   C）顺序存储结构能存储有序表，链式存储结构不能存储有序表

   D）链式存储结构比顺序存储结构节省存储空间

5. 数据流图中带有箭头的线段表示的是（　　）。

   A）控制流   B）事件驱动   C）模块调用   D）数据流

6. 在软件开发中，需求分析阶段可以使用的工具是（　　）。

   A）N－S 图   B）DFD 图   C）PAD 图   D）程序流程图

7. 在面向对象方法中，不属于"对象"基本特点的是（　　）。

   A）一致性   B）分类性   C）多态性   D）标识唯一性

8. 一间宿舍可住多个学生，则实体宿舍和学生之间的联系是（　　）。

   A）一对一   B）一对多   C）多对一   D）多对多

9. 在数据管理技术发展的三个阶段中，数据共享最好的是（　　）。

   A）人工管理阶段   B）文件系统阶段

   C）数据库系统阶段   D）三个阶段相同

10. 有三个关系 R、S 和 T 如下：由关系 R 和 S 通过运算得到关系 T，则所使用的运算为（　　）。

R	
A	B
m	1
n	2

S	
B	C
1	3
3	5

T		
A	B	C
m	1	3

   A）笛卡尔积   B）交   C）并   D）自然连接

11. 以下关于"视图"的描述中，正确的是（　　）。

　　A）视图独立于表文件　　　　　　　　　　B）视图不可进行更新操作

　　C）视图只能从一个表派生出来　　　　　　D）视图可以进行删除操作

12. 设置文本框显示内容的属性是（　　）。

　　A）Value　　　　　　B）Caption　　　　　　C）Name　　　　　　D）InputMask

13. 在Visual FoxPro中可以建立表的命令是（　　）。

　　A）CREATE　　　　　　　　　　　　　　　B）CREATE　DATABASE

　　C）CREATE　QUERY　　　　　　　　　　　D）CREATE　FORM

14. 为了隐藏在文本框中输入的信息，用占位符代替显示用户输入的字符，需要设置的属性是（　　）。

　　A）Value　　　　　　B）ControlSource　　　C）InputMask　　　　D）PasswordChar

15. 假设某表单的Visible属性的初值为.F.，能将其设置为.T.的方法是（　　）。

　　A）Hide　　　　　　　B）Show　　　　　　　C）Release　　　　　D）SetFocus

16. 让隐藏的MeForm表单显示在屏幕上的命令是（　　）。

　　A）MeForm.Display　　B）MeForm.Show　　　C）MeForm.List　　　D）MeForm.See

17. 在数据库表设计器的"字段"选项卡中，字段有效性的设置项中不包括（　　）。

　　A）规则　　　　　　　B）信息　　　　　　　C）默认值　　　　　D）标题

18. 报表的数据源不包括（　　）。

　　A）视图　　　　　　　B）自由表　　　　　　C）数据库表　　　　D）文本文件

19. 在Visual FoxPro中，编译或连编生成的程序文件的扩展名不包括（　　）。

　　A）APP　　　　　　　B）EXE　　　　　　　C）DBC　　　　　　D）FXP

20. 在Visual FoxPro中，"表"是指（　　）。

　　A）报表　　　　　　　B）关系　　　　　　　C）表格控件　　　　D）表单

21. 如果有定义LOCAL data，data的初值是（　　）。

　　A）整数0　　　　　　B）不定值　　　　　　C）逻辑真　　　　　D）逻辑假

22. 执行如下命令序列后，最后一条命令的显示结果是（　　）。

```
DIMENSION M(2, 2)
M(1, 1)＝10
M(1, 2)＝20
M(2, 1)＝30
M(2, 2)＝40
? M(2)
```

　　A）变量未定义的提示　B）10　　　　　　　　C）20　　　　　　　D）.F.

23. 如果在命令窗口执行命令："LIST 名称"，主窗口中显示：

记录号	名称
1	电视机
2	计算机
3	电话线
4	电冰箱
5	电线

假定名称字段为字符型、宽度为6，那么下面程序段的输出结果是（　　）。

```
GO 2
SCAN  NEXT 4 FOR LEFT（名称，2）="电"
    IF RIGHT（名称，2）="线"
        EXIT
    ENDIF
ENDSCAN
? 名称
```

A）电话线　　　　　　B）电线　　　　　　C）电冰箱　　　　　D）电视机

24. 在Visual FoxPro中，要运行菜单文件menu1.mpr，可以使用命令（　　）。

A）DO menu1　　　B）DO menu1.mpr　　C）DO MENU menu1　　D）RUN menu1

25. 有如下赋值语句，结果为"大家好"的表达式是（　　）。

```
a="你好"
b="大家"
```

A）b+AT（a，1）　　　　　　　　　　B）b+RIGHT（a，1）

C）b+LEFT（a，3，4）　　　　　　　　D）b+RIGHT（a，2）

26. 在下面的Visual FoxPro表达式中，运算结果为逻辑真的是（　　）。

A）EMPTY（.NULL.）　　　　　　　　B）LIKE（'xy?'，'xyz'）

C）AT（'xy'，'abcxyz'）　　　　　　　D）ISNULL（SPACE（0））

27. 假设职员表已在当前工作区打开，其当前记录的"姓名"字段值为"李彤"（C型字段）。在命令窗口输入并执行如下命令：

```
姓名=姓名-"出勤"
? 姓名
```

屏幕上会显示（　　）。

A）李彤　　　　　　B）李彤　出勤　　　　C）李彤出勤　　　　D）李彤-出勤

28. 设有学生表S（学号，姓名，性别，年龄），查询所有年龄小于等于18岁的女同学、并按年龄进行降序排序生成新的表WS，正确的SQL命令是（　　）。

A）SELECT * FROM S WHERE 性别 = '女' AND 年龄<= 18 ORDER BY 4 DESC
　　INTO TABLE WS

B）SELECT * FROM S WHERE 性别 = '女' AND 年龄<= 18 ORDER BY 年龄
　　INTO TABLE WS

C）SELECT * FROM S WHERE 性别 = '女' AND 年龄<= 18 ORDER BY '年龄' DESC
　　INTO TABLE WS

D）SELECT * FROM S WHERE 性别 = '女' OR 年龄<= 18 ORDER BY '年龄' ASC
　　INTO TABLE WS

29. 设有学生选课表SC（学号，课程号，成绩），用SQL命令检索同时选修了课程号为"C1"和"C5"课程的学生的学号的正确命令是（　　）。

A）SELECT 学号 FROM SC WHERE 课程号 = 'C1' AND 课程号 = 'C5'

B）SELECT 学号 FROM SC WHER 课程号 ='C1' AND 课程号 =（SELE　课程号
FROM SC WHERE 课程号 = 'C5'）

C) SELECT 学号 FROM SC WHERE 课程号='C1' AND 学号＝（SELECT 学号 FROM SC WHERE 课程号＝ 'C5'）

D) SELECT 学号 FROM SC WHERE 课程号='C1' AND 学号 IN （SELECT 学号 FROM SC WHERE 课程号＝ 'C5'）

30. 设有学生表S(学号，姓名，性别，年龄)、课程表C(课程号，课程名，学分)和学生选课表SC(学号，课程号，成绩)。检索学号、姓名和学生所选课程的课程名和成绩，正确的SQL命令是（　　）。

A) SELECT 学号，姓名，课程名，成绩 FROM S，SC，C WHERE S.学号＝ SC.学号 AND SC.学号＝C.学号

B) SELECT 学号，姓名，课程名，成绩 FROM （S JOIN SC ON S.学号＝ SC.学号）JOIN C ON SC.课程号＝C.课程号

C) SELECT S.学号，姓名，课程名，成绩 FROM S JOIN SC JOIN C ON S.学号＝ SC.学号 ON SC.课程号＝C.课程号

D) SELECT S.学号，姓名，课程名，成绩 FROM S JOIN SC JOIN C ON SC.课程号＝ C.课程号 ON S.学号＝SC.学号

31. 查询所有1982年3月20日以后(含)出生、性别为男的学生，正确的SQL语句是（　　）。

A) SELECT * FROM 学生 WHERE 出生日期>=｛^1982-03-20｝ AND 性别＝"男"

B) SELECT * FROM 学生 WHERE 出生日期<=｛^1982-03-20｝ AND 性别＝"男"

C) SELECT * FROM 学生 WHERE 出生日期>=｛^1982-03-20｝ OR 性别＝"男"

D) SELECT * FROM 学生 WHERE 出生日期<=｛^1982-03-20｝ OR 性别＝"男"

32. 设有学生(学号，姓名，性别，出生日期)和选课(学号，课程号，成绩)两个关系，计算刘明同学选修的所有课程的平均成绩，正确的SQL语句是（　　）。

A) SELECT AVG(成绩) FROM 选课 WHERE 姓名＝"刘明"

B) SELECT AVG(成绩) FROM 学生，选课 WHERE 姓名＝"刘明"

C) SELECT AVG(成绩) FROM 学生，选课 WHERE 学生.姓名＝"刘明"

D) SELECT AVG(成绩) FROM 学生，选课 WHERE 学生.学号＝选课.学号 AND 姓名＝"刘明"

33. 设有学生(学号，姓名，性别，出生日期)和选课(学号，课程号，成绩)两个关系，并假定学号的第3、4位为专业代码。要计算各专业学生选修课程号为"101"课程的平均成绩，正确的SQL语句是（　　）。

A) SELECT 专业 AS SUBS(学号，3，2)，平均分 AS AVG(成绩) FROM 选课 WHERE 课程号="101" GROUP BY 专业

B) SELECT SUBS(学号，3，2)AS 专业，AVG(成绩) AS 平均分 FROM 选课 WHERE 课程号="101" GROUP BY 1

C) SELECT SUBS(学号，3，2) AS 专业，AVG(成绩) AS 平均分 FROM 选课 WHERE 课程号="101" ORDER BY 专业

D) SELECT 专业 AS SUBS(学号，3，2)，平均分 AS AVG（成绩）FROM 选课 WHERE 课程号="101" ORDER BY 1

34. 设有学生(学号，姓名，性别，出生日期)和选课(学号，课程号，成绩)两个关系，查询选修课程号为"101"课程得分最高的同学，正确的SQL语句是（　　）。

A）SELECT 学生.学号, 姓名 FROM 学生, 选课 WHERE 学生.学号＝选课.学号 AND 课程号＝"101" AND 成绩>=ALL（SELECT 成绩 FROM 选课）

B）SELECT 学生.学号, 姓名 FROM 学生, 选课 WHERE 学生.学号＝选课.学号 AND 成绩>=ALL （SELECT 成绩 FROM 选课 WHERE 课程号＝"101"）

C）SELECT 学生.学号, 姓名 FROM 学生, 选课 WHERE 学生.学号＝选课.学号 AND 成绩>=ANY（SELECT 成绩 FROM 选课 WHERE 课程号＝"101"）

D）SELECT 学生.学号, 姓名 FROM 学生, 选课 WHERE 学生.学号＝选课.学号 AND 课程号＝"101" AND 成绩>=ALL （SELECT 成绩 FROM 选课 WHERE 课程号 ＝"101"）

35. 设有选课（学号，课程号，成绩）关系，插入一条记录到"选课"表中，学号、课程号和成绩分别是"02080111"、"103"和80，正确的SQL语句是（   ）。

A）INSERT INTO 选课 VALUES（"02080111", "103", 80）

B）INSERT VALUES（"02080111", "103", 80）TO 选课（学号, 课程号, 成绩）

C）INSERT VALUES（"02080111", "103", 80）INTO 选课（学号, 课程号, 成绩）

D）INSERT INTO 选课（学号, 课程号, 成绩）FROM VALUES（"02080111", "103", 80）

36. 将学号为"02080110"、课程号为"102"的选课记录的成绩改为92，正确的SQL语句是（   ）。

A）UPDATE 选课 SET 成绩 WITH 92 WHERE 学号＝"02080110" AND 课程号＝"102"

B）UPDATE 选课 SET 成绩＝92 WHERE 学号＝"02080110" AND 课程号＝"102"

C）UPDATE FROM 选课 SET 成绩 WITH 92 WHERE 学号＝"02080110" AND 课程号＝"102"

D）UPDATE FROM 选课 SET 成绩＝92 WHERE 学号＝"02080110" AND 课程号＝"102"

37. 在SQL的ALTER TABLE语句中，为了增加一个新的字段应该使用短语（   ）。

A）CREATE　　　　　B）APPEND　　　　　C）COLUMN　　　　　D）ADD

38. 以下所列各项，属于命令按钮事件的是（   ）。

A）Parent　　　　　B）This　　　　　C）ThisForm　　　　　D）Click

39. 假设表单上有一选项组：⊙男　○女，其中第一个选项按钮"男"被选中。则该选项组的Value属性值为（   ）。

A）.T.　　　　　B）"男"　　　　　C）1　　　　　D）"男"或1

40. 假定一个表单里有一个文本框Text1和一个命令按钮组CommandGroup1。命令按钮组是一个容器对象，其中包含Command1和Command2两个命令按钮。如果要在Command1命令按钮的某个方法中访问文本框的Value属性值，正确的表达式是（   ）。

A）This.ThisForm.Text1.Value　　　　　B）This.Parent.Parent.Text1.Value

C）Parent.Parent.Text1.Value　　　　　D）This.Parent.Text1.Value

二、基本操作（共 4 小题，第 1、2 题是 4 分、第 3、4 题是 5 分，计 18 分）

1. 打开 score_manager 数据库，该数据库中包含三个有联系的表 student、score1 和 course，根据已经建立好的索引，建立表之间的联系。

2. 为 course 表增加字段：开课学期(N，2，0)。

3. 为 score1 表的"成绩"字段设置有效性规则：成绩>=0，出错提示信息是："成绩必须大于或等于零。"

4. 把 score1 表"成绩"字段的默认值设置为空值(NULL)。

三、简单应用(共 2 小题，每题 12 分，计 24 分)

1. 在score_manager数据库查询学生的姓名和年龄，计算年龄的公式是："2003-year(出生日期)"，年龄作为字段名，结果保存在一个new_table1新表中。使用报表向导建立new_report1报表，用报表显示new_table1的内容。报表中数据按年龄升序排列，报表的标题是"姓名—年龄"，其余参数使用缺省参数。

2. 在 score_manager 数据库中查询没有选修任何课程的学生信息，查询结果包括"学号"、"姓名"和"系部"字段，查询结果按学号升序保存在一个新表 new_table2 中。

四、综合应用(本题 18 分)

score_manager 数据库中包含 student、score1 和 course 三个数据库表。

为了对 score_manager 数据库进行查询，设计一个如图 E.11 所示的表单 myform1(对象名为 form1，表单文件名为 myform.scx)。表单的标题为"成绩查询"。表单左侧有文字"输入学号"标签(名称为 Label1)和用于输入学号的文本框(名称为 Text1)以及"查询"(名称为 Command1)和"退出"(名称为 Command2)两个命令按钮以及 1 个表格控件。

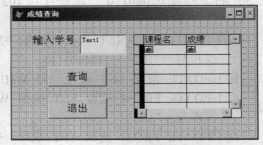

图 E.11　设计的表单界面

运行表单时，用户首先在文本框中输入学号，然后单击"查询"按钮，如果输入的学号正确，在表单右侧以表格(名称为 Grid1)形式显示该生所选课程名和成绩，否则提示"学号不存在，请重新输入学号"。

无纸化考试真题第 2 套答案

(仅供参考)

一、选择题

1- 5：BDCAD　　　　　　　　　6-10：BABCD
11-15：CAADB　　　　　　　　16-20：BDDCB
21-25：DCABD　　　　　　　　26-30：BCACD
31-35：ADBDA　　　　　　　　36-40：BDDCB

二、基本操作题

【解析】本题考查通过数据库设计器设置数据库表关联的操作，以及修改数据库表结构的操作。同时，考查通过数据表设计器设置数据表的字段有效性规则等操作。

【答案】

1. 单击工具栏中的"打开"按钮，弹出"打开"对话框，在对话框中选择"查找范围"为考生文件夹，在"文件类型"中选择"数据库"，列表框中列出该文件夹下的数据库文件，从中选择score_manager 数据库文件，并打开该文件进入到数据库设计器中。在数据库设计器中，选中 student 表的"学号"主索引，通过拖动鼠标的方式将其拖放到 score1 表的"学号"普通索引上，这时，在两个数据表

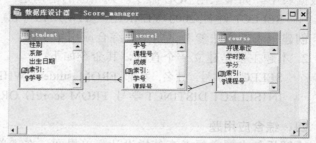

图 E.12　在数据表建立关联后的结果

之间就出现一条连线，表示两个数据表之间已经建立了联系。按照同样的方法可以创建 course 表和 score1 表之间的联系。结果如图 E.12 所示。

2. 在数据库设计器中选择 course 数据表文件，在其上单击鼠标右键，执行快捷菜单中的"修改"命令，进入表设计器，在表设计器中添加一个新字段：开课学期，类型为 N，宽度为 2，小数点位数是 0。

3. 按照第 2 小题的操作方法打开 score1 表，进入表设计器，选中"成绩"字段，在右侧的"字段有效性"规则框中输入"成绩>=0"，在信息框中输入""成绩必须大于或等于零""，结果参见图 E.14。

4. 同样，选中"成绩"字段，并在右侧的"字段有效性"规则栏中单击"默认值"框，单击右侧的按钮，打开"表达式生成器"对话框，如图 E.13 所示，在"逻辑"下拉列表框中选择".NULL."，再单击"确定"按钮，返回"表设计器"，其结果如图 E.14 所示。再单击表设计器的"确定"按钮，保存设置。

图 E.13　表达式生成器

图 E.14　设置字段附加属性的界面

三、简单应用题

【解析】本题考查怎样通过查询设计器查询满足条件的记录，并将查询结果保存到数据表中。另外考查通过报表向导创建报表的方法。

【答案】

1. 可以采用查询设计器也可以采用 SQL 查询命令完成本题，关键是将结果传送到所需的数据表中。如果采用 SQL 命令，则相应的语句是：

SELECT 姓名, 2003−YEAR（出生日期）AS 年龄 FROM student INTO TABLE new_table1

创建报表的方法参考试题 1 的综合应用第 1 题。

2. 本题主要是建立一个查询，其命令如下：

SELECT 学号, 姓名, 系部 FROM student WHERE 学号 NOT ;

IN（SELECT DISTINCT 学号 FROM score1）ORDER BY 学号 INTO TABLE new_table2

四、综合应用题

【解析】 本题主要考查怎样设计表单界面：在表单界面上如何添加所需的控件，如何设置各控件的属性。完成本题的关键是要明确数据环境的设置方法和表格控件数据源的设置方法。

【答案】

1. 执行"文件"→"新建"→"表单"菜单命令，单击"新建"按钮，打开表单设计器。

① 设置数据环境：

在表单界面上单击鼠标右键，在弹出的快捷菜单中执行"数据环境"命令，打开数据环境设计器。在数据环境设计器上单击鼠标右键，在快捷菜单中执行"添加"命令，从对话框中选择所需的 course 和 score1 数据表，数据表添加到数据环境后，它们之间的联系也同时添加到数据环境中。

② 添加控件：

按照表单所需的样式添加一个 Label1 标签和 Command1、Command2 两个命令按钮，在"属性"窗口中分别设置标题为"输入学号"、"查询"、"退出"。再添加一个 Text1 文本框，用于输入学号。再添加一个表格控件，其名称为 Grid1。

③ 编制程序。

Command1 命令按钮的 Click 事件程序代码：

```
SELECT  score1
LOCATE  FOR  学号 = ALLTRIM（Thisform.Text1.Value）
IF  FOUND（）
        SELECT  课程名, 成绩  FROM  score1, course ;
        WHERE  score1.课程号=course.课程号  AND ;
        学号=Thisform.Text1.Value  INTO  TABLE  temp
        Thisform.Grid1.RecordSourceType = 4
        Thisform.Grid1.RecordSource="SELECT  *  FROM  temp"
ELSE
        MESSAGEBOX（"学号不存在，请重新输入学号", 0+16）
ENDIF
```

Command2 命令按钮的 Click 事件程序代码：

```
Thisform.Release
```